Hand drauf!
Der Weg, gemeinsam erfolgreich zu sein

Peer-Arne Böttcher

Hand drauf!

Der Weg, gemeinsam erfolgreich zu sein

Mit Illustrationen
von Werner Tiki Küstenmacher

MURMANN

eBook inside

kostenloser Download-Code inklusive

HANDbzQNfNjNRP

Liebe Leserinnen und Leser,
in den letzten Jahren sind eBooks ein immer größeres Thema in der Medienwelt geworden. Seit 2008 vertreibt der Murmann Verlag eBooks in den gängigen Formaten und auf den bekannten Portalen. Fünf Jahre eBooks sind für uns Grund genug, mit Ihnen zu feiern! Wir bedanken uns mit einem einmalig downloadbaren eBook von *Hand drauf! Der Weg gemeinsam erfolgreich zu sein.*
Weitere Informationen finden Sie auf unserer Webseite
www.murmann-verlag.de/ebookinside.
Ihr Murmann Verlag

Bibliografische Information der Deutschen Nationalbibliothek
Die Deutsche Nationalbibliothek verzeichnet diese Publikation in der deutschen Nationalbibliografie; detaillierte bibliografische Daten sind im Internet über http://dnb.d-nb.de abrufbar.
ISBN 978-3-86774-286-3

Umschlaggestaltung: Rothfos & Gabler, Hamburg
Satz: Greiner & Reichel, Köln
Gesetzt aus der Minion
Druck und Bindung: Freiburger Graphische Betriebe, Freiburg
Printed in Germany

Besuchen Sie uns im Internet: www.murmann-verlag.de
Ihre Meinung zu diesem Buch interessiert uns!
Zuschriften bitte an info@murmann-verlag.de
Den Newsletter des Murmann Verlages können Sie anfordern unter
newsletter@murmann-verlag.de

Dieses Buch wurde klimaneutral produziert:

Print CO2 kompensiert
Id-Nr. 1224996
www.bvdm-online.de

FSC
www.fsc.org
MIX
Papier aus verantwortungsvollen Quellen
FSC® C106847

Inhalt

Vorwort

»Beziehungen sind alles. Alles im Universum existiert nur, weil es in Beziehung zu allen anderen steht. Nichts existiert isoliert. Wir müssen aufhören, so zu tun, als wären wir Individuen, die es allein schaffen.«

Margaret J. Wheatley (*1941)

Manchmal verschieben sich Mittelpunkte. Und manchmal gerät solch eine Verschiebung zur Zeitenwende. Wir kennen dies aus der Geschichte der Astronomie: Stand zunächst die Erde im Zentrum des Denkens, verlagerte dieses sich zur Sonne, dann zur Galaxie und schließlich so weit darüber hinaus, dass man heute in der Astronomie von dem einen Mittelpunkt längst nicht mehr spricht.

Werfen wir einen Blick auf die Geschichte der Ökonomie, so können wir ähnliche Schwerpunktverschiebungen entdecken: Der Sozialismus stellte die Gemeinschaft in den Mittelpunkt – und ist gescheitert. Der Kapitalismus stellt die Zahl in den Mittelpunkt – und ist dabei zu scheitern. Heute können wir beobachten, wie ein neuer ökonomischer Bezugspunkt entsteht: der Mensch.

Das Besondere an dieser Situation ist, dass sie sich nicht als Ergebnis wissenschaftlicher Überlegungen oder politischen Handelns erweist. Vielmehr ist sie die Konsequenz zweier parallel verlaufender Entwicklungen: wachsenden gesellschaftlichen Leidensdrucks auf der einen und neuer, unser Leben grundlegend verändernder Technologien auf der anderen Seite.

Die hochpolitisierte Jugend der 1960er und 1970er Jahre wollte die Welt verändern. Doch der Stein, den sie dafür bildlich gesprochen ins Wasser warf, war nicht schwer genug, um nachhaltig

Wellen zu schlagen. Was blieb, war die Aufregung um wirkliche Steine, die unter anderem Polizisten bei ihrem Einsatz trafen. Der Informationsfluss, den die Menschen dieser Zeit in Gang setzen konnten, war noch vergleichsweise begrenzt, es fehlten schlichtweg die Kommunikationstechniken, die den bescheidenen Rahmen des politisierten Kaffeekränzchens oder AStA-Ausschusses hätten sprengen können. Das sieht heute anders aus. Wir verfügen inzwischen über Kulturtechniken, die nicht nur in den 1960er und 1970er Jahren, sondern sogar noch in den späten 1990er Jahren als utopisch abgetan worden wären.

Auch der Widerspruch zwischen dem Wunsch nach Individualität auf der einen und Vernetzung mit der Gemeinschaft auf der anderen Seite ist inzwischen technologisch gelöst. Heute entscheidet die technische Konnektivität über die Teilnahme am Markt.

Wie auch immer sich diese Evolution fortschreibt, wie auch immer unsere nächste Wirtschaftsform heißt, sie kann und wird, so viel ist jetzt schon sicher, nur dann erfolgreich sein, wenn der Mensch Leitmotiv allen Denkens und Handelns, sprich: der neue Mittelpunkt der Ökonomie sein wird.

So wie die Erde – einst Mittelpunkt jeglichen Denkens und Forschens – in ein Universum voller Mittelpunkte gerückt wurde, so wird das Individuum zum Fixpunkt innerhalb eines Netzwerks aus unterschiedlichsten Beziehungen werden, ohne sich darin ständig um eine Vorrangstellung bemühen zu müssen. Was zählt, ist das Netzwerk selbst, das Gesamte an Menschen – Kollegen, Partner, Unternehmen –, die miteinander und auch im Wechsel agieren und kommunizieren. Vorbei also die Zeit des definierten Mittelpunkts, der sogenannten »Spinne im Netz«, die alles steuert und regelt, oder – als Wirtschaftsmodell gedacht – der »unsichtbaren Hand«, die nach Adam Smith das egoistische Profitstreben des Einzelnen zum Wohlstand der Nationen bündelt. Das Motto »Wenn jeder an sich denkt, ist an alle gedacht« ist ökonomisches Denken der letzten 200 Jahre.

Heute leben wir in einer Zeit, in der Profit nicht mehr individuell maximiert werden kann, sondern nur noch partnerschaftlich.

Wenn die Menschen Veränderungen erleben, ist vielfach Verunsicherung die Folge. Die nötige Sicherheit entsteht dann aus den Beziehungen zu anderen Menschen, zur Familie, zu den Freunden und den Geschäftspartnern. Obgleich die Digitalisierung den Menschen in vielen Bereichen scheinbar unsichtbar werden lässt: Geschäfte werden zwischen Menschen gemacht. Das war und ist so – und es spricht alles dafür, dass es so bleiben wird. Natürlich macht sich der rapide technologische Wandel auch im sozialen und geschäftlichen Umgang bemerkbar. Ein wesentlicher Faktor: Wir leben in einem Zeitalter der Transparenz. Bereits 2009 hat uns der damalige Google-Chef Eric Schmidt wissen lassen: »Wenn es etwas gibt, von dem Sie nicht wollen, dass es irgendjemand erfährt, sollten Sie es nicht tun.« Mit anderen Worten: Wir alle sind, wenn es darauf ankommt, »durchschaubar« – und tun gut daran, uns auf dieses Durchleuchtetsein einzustellen. Denn das geltende Prinzip ist: Wer sich nicht sauber verhält, fliegt raus. Wir können das bei führenden Politikern, Lenkern großer Konzerne und selbst bei Familienunternehmern verfolgen, erleben es aber auch in unserem eigenen Umfeld. Und wir werden von solchen gesellschaftlichen und teilweise auch strafrechtlichen Konsequenzen so lange erfahren, wie Menschen nicht verstehen, dass Ehrlichkeit und Partnerschaft kein Luxus sind, sondern Notwendigkeit.

Wir sollten also lernen, unser Verhalten neu anzupassen. Wir sollten lernen, unsere Beziehungen neu zu gestalten. Doch welche Grundsätze könnten dafür gelten? Für mich selbst habe ich eine Antwort auf diese Frage gefunden. Das Beratungsmodul »Relationship Management« – »Beziehungsmanagement« –, das ich Ihnen in diesem Buch vorstellen möchte, habe ich Mitte der 1990er Jahre entwickelt und bei der BöttcherHinrichs AG gestartet. Wir halfen Start-ups oder auch ausländischen Unternehmen, sich möglichst schnell in Deutschland zu etablieren. Dazu waren Kontakte notwendig. Zu Investoren, Bürovermietern, potenziellen Kunden, Lieferanten, Mitarbeitern. Bis hin zum Bürgermeister, der zum offiziellen Start des Unternehmens werbewirksam ein rotes Band durchschneidet.

Geschäfte werden zwischen Menschen gemacht, und wir haben Menschen zusammengebracht.

Auch wenn das Unternehmen selbst den Dotcom-Boom nicht überlebte: Dieser Geschäftszweig war überaus erfolgreich. Es ist das unternehmerische Feld, auf dem ich seither weitergearbeitet habe – nicht zuletzt mit dem Aufbau und der Leitung des Business Club Hamburg. In den vielen Gesprächen, die ich dort und anderswo geführt habe, in den vielen Beziehungen, die ich aufgebaut, gepflegt und (zum Teil) wieder beendet habe, war es mir stets eine große Hilfe. Denn der Wertekanon, auf den es aufbaut, und die handwerkliche Sicherheit, die es vermittelt, sind stabile Stützen und Richtungsweiser auch in schwierigen Situationen.

Weil es so zuverlässig hilft, möchte ich Ihnen das Modell vorstellen – und zeigen, wie Sie selbst damit arbeiten können. Ich bin davon überzeugt, dass es auch Ihnen helfen wird, in Ihren geschäftlichen Beziehungen erfolgreicher zu sein.

Wie die meisten guten Ideen ist auch diese einfach. Und sie ist neu. Nicht im Sinne einer Neuerfindung, sondern eher im Sinne einer Neuentdeckung: Wie bei einem neuen Kochrezept sind alle Zutaten bekannt, und dennoch entsteht aus der Zusammenstellung und der Zubereitung etwas, das es bisher so nicht gab.

Abschließend noch eine Anmerkung, die mir wichtig ist: Ja, Beziehungen haben immer mit Menschen zu tun. Und ja, diese Menschen verhalten sich manchmal unfreundlich, unzuverlässig, unfair. Es gibt aber einen Grund, einen sehr guten Grund dafür, einem anderen Menschen erst einmal sein Vertrauen zu schenken: Beziehungen können nur entstehen, wenn man sich vertraut. »Vertrauen ist der Anfang von allem«, lautete einmal der Slogan der Deutschen Bank. Auch wenn das Institut über viele Jahre eine Geschäftspolitik verfolgte, die weniger den Kunden und viel mehr die Eigenkapitalrendite der Bank in den Fokus stellte: Der Slogan stimmt. An ihm ist nichts auszusetzen.

Ich würde mich freuen, wenn Sie mit meiner Hilfe Erfolg haben und wenn Sie mir davon erzählen (www.peer.de). Natürlich auch dann, wenn Sie abweichende Erfahrungen machen oder andere Wege als die von mir vorgeschlagenen gehen. Denn mein Erfolg darf und soll Ihr Erfolg sein.

Die Beziehungspyramide

Es war ein flirrend heißer Spätsommertag am Gardasee. Mit ein paar Freunden hatte ich ein Landhaus hoch über dem See gemietet – zum Essen, Trinken, Schauen, Plaudern und Chillen. Und um für all das, was mich schon so viele Jahre beschäftigt, eine Form zu finden. Vielleicht kennen Sie das Problem ja auch: Wie erklären Sie das, was Sie tun, jemand anderem? Insbesondere wenn Sie diesen Jemand in die Lage versetzen wollen, es Ihnen gleichzutun?

Die Sonne verabschiedete sich langsam, aber die Kinder tollten noch immer durch den Park, halb blau gefroren nach einem Nachmittag am Pool. Sie mussten irgendwie drinnen weiter beschäftigt werden. Der Vermieter des Hauses hatte zum Glück an alles gedacht. In einer Ecke des Wohnzimmers standen ein paar Kinderbücher, ein paar Brettspiele und eine Kiste mit Lego.

Lego?

Lego! Wenn man einen abstrakten Zusammenhang erklären möchte, hilft am besten die Veranschaulichung. Möglichst simpel, möglichst (an)fassbar. Legosteine schienen mir das geeignete Mittel zu sein. Also luchste ich den Kindern ein paar Steine ab und baute meine in Theorie und Praxis entwickelte Vorstellung davon, wie der Aufbau von Beziehungen zwischen Menschen funktioniert, mit den bunten Steinen nach. Ich erklärte und baute das, was ich eine Beziehungspyramide nenne. Und siehe da: Alle verstanden es!

An der Form der Pyramide lässt sich am besten verdeutlichen, wie und warum im Beziehungsmanagement alles miteinander zusammenhängt – und aufeinander aufbaut. Ich möchte Ihnen nun im Folgenden Aufbau und Funktion dieser Beziehungspyramide erklären – zwar ohne Zuhilfenahme von Bausteinen, aber trotzdem so anschaulich wie möglich.

In einem ersten theoretischen Teil arbeite ich mich von der Spitze zum Fundament der Pyramide hinunter, um daran zu erklären, *warum* Sie überhaupt planvoll und strukturiert an die Beziehungspflege herangehen sollten. Im zweiten, ausführlicheren Teil gehe ich umgekehrt vom Fundament aus allmählich zur Spitze und zeige Ihnen, *wie* Sie die Beziehungspflege systematisch aufbauen können.

In diesem zweiten Teil müssen Sie sich beim Lesen nicht unbedingt an die Kapitelabfolge halten. Jede dargestellte Stufe, jeder »Baustein« der Beziehungspyramide stellt einen Komplex für sich dar, mit dem Sie sich unabhängig von den anderen beschäftigen können. Sicherlich denken Sie beim Lesen dieser Kapitel manchmal: Das ist mir schon alles bekannt, das mache ich doch genau so! Dann hinterfragen Sie bitte genau Ihr Handeln und achten Sie auf die Feinheiten oder jene Aspekte, die Ihnen für Ihr Beziehungsmanagement bislang noch fehlten. Möglicherweise sind genau sie das fehlende Salz in Ihrer Suppe!

Es geht um Geschäftsfreunde – nicht um Freunde

Wie man Freunde gewinnt heißt eines der erfolgreichsten Bücher der vergangenen Jahrzehnte. »Boy meets Girl«, lautet Billy Wilders Rezept für den perfekten Filmanfang. Und das perfekte Filmende scheint immer noch das »Happy End« zu sein. Nichts (außer vielleicht Gesundheit) ist uns so wichtig wie glückliche private Beziehungen. Die Energie, die wir daraus ziehen, hilft uns auch bei dem, was wir außerhalb unserer privaten Sphäre zu bewerkstelligen haben.

Und damit sind wir fast schon beim Thema. In diesem Buch geht es es nicht um unser persönliches Glück, sondern um unseren geschäftlichen Erfolg. Ehen sollen glücklich sein, Partnerschaften hingegen erfolgreich, das ist ein großer Unterschied. Nicht private Beziehungen sind Gegenstand meiner Überlegungen, sondern die Gestaltung und Pflege von Beziehungen im geschäftlichen Rahmen.

Ich halte nichts davon, das Geschäftliche und das Private zu vermischen. Das führt in jedem Fall zu Unklarheit, oftmals sogar zu Verletzungen und letzten Endes zu suboptimalen Ergebnissen. Die Verknüpfung von Persönlichem und Beruflichem darf sich im besten Fall »Vitamin B« nennen, muss sich im schlechteren Fall die Bezeichnung »Vetternwirtschaft« gefallen lassen und ist im schlechtesten Fall »Filz«.

»There's no such thing as a free lunch«, sagte Milton Friedman und brachte damit das aus seiner Sicht geltende Grundprinzip ökonomischen Denkens auf den Punkt. Solange es ums Geschäft geht, schenkt niemand etwas her, ohne den Eigennutz aus dem Blick zu verlieren. Das ist die Regel, auf die alle Beteiligten eingestellt sind, eingestellt sein müssen. Ganz anders verhält es sich im privaten Bereich. Denken Sie dabei nur an das erste Jahrzehnt Ihres Lebens: ein einziger »free lunch«! Denken Sie daran, was ein Lächeln, eine Berührung für Sie bedeuten können.

Schon alleine aus Gründen des Selbstschutzes verbietet es sich also, private Freundschaft oder gar Liebe zur Basis eines Geschäfts zu machen! Damit wird Lächeln in Geldwert umgerechnet, und das hat weder Ihr noch das Lächeln Ihres Partners oder Ihrer Partnerin verdient. Und auch die umgekehrte Richtung bietet eher schlechte Aussichten. Werden gemeinsame Geschäfte, gemeinsame berufliche Erfolge zur Basis einer Freundschaft, lassen Enttäuschung und Desaster häufig nicht lange auf sich warten. Freundschaften gelten in guten wie in schlechten Zeiten, sie bilden »strong ties«, starke Bindungen von Mensch zu Mensch. Eine aus gemeinsamem beruflichem Erfolg geknüpfte Beziehung völlig unabhängig vom Gang der weiteren Geschäfte dauerhaft zu pflegen setzt schon ein erhebliches Maß an persönlicher Stärke und Souveränität voraus.

Dass Privates und Geschäftliches nicht immer leicht voneinander zu trennen sind, liegt auf der Hand, schließlich haben wir es mit Menschen zu tun, und hier wie dort gelten vergleichbare Regeln für den gemeinsamen Umgang. Wir sind aufgefordert, uns gegenseitig immer wieder anzuspornen, zu guten Taten und zur Leistung. Den anderen zu akzeptieren. Die Beziehung wichtig zu nehmen. Gleichgültig in welchem Rahmen wir uns bewegen.

Ohne gegenseitige Wertschätzung keine erfolgreiche Beziehung – weder im Privaten noch im Geschäftlichen. Lässt einer der Geschäftspartner die Leistung schleifen, stellt aber trotzdem die gleichen Rechnungen, oder fällt die Leistung zwar weiterhin zufriedenstellend aus, wird aber vom Auftraggeber plötzlich als zu teuer empfunden, dann fängt die gemeinsame Basis an zu bröckeln. Fehlt es an gegenseitiger Anerkennung, ist das Ende der Partnerschaft abzusehen. Und wieder gilt für die private Beziehung dasselbe: Ohne wechselseitige Anerkennung, ohne gemeinsame Basis kommt es auch hier über kurz oder lang zum Bruch. Beziehungen scheitern immer am Menschen – nicht oder nur in den seltensten Fällen an den Rahmenbedingungen.

Dabei bleibt zu unterscheiden: Das Ziel privater Beziehungen ist das Glück – das Ziel geschäftlicher Beziehungen ist der Erfolg. Glück und Erfolg sind zwei verschiedene Dinge.

Dieses Buch zieht deshalb eine klare Grenze. Nicht dass Geschäftsfreunde weniger wert wären als Freunde, nicht dass das Private unwichtiger wäre als das Geschäftliche – es sind und bleiben verschiedene Sphären. Und nur von der einen, der geschäftlichen, soll hier die Rede sein.

1. Jeder will Erfolg

Was Sie in der ersten Illustration dargestellt sehen, ist das, was Sie wahrscheinlich erreichen möchten: »König« sein, oben stehen, Erfolg haben. Sie wollen ein Ziel erreichen, einen Handel abschließen oder einen Gewinn erzielen, auf dass die Durchsage lautet: »And the winner is …« und Ihr Name genannt wird. Dann nämlich hat alles geklappt, ist Ihr Plan perfekt aufgegangen, sind Sie dort, wo Sie hinwollten.

Geht man von der Theorie aus, kennen Sie diese Erfahrung – hundertfach. Denn immer dann, wenn Sie etwas kaufen, geht Ihr Plan auf, sind Sie erfolgreich. Okay, ein neues Paar Schuhe ist kein Nobelpreis, ein Cabrio kein Oscar – aber die Warenwelt ist so konstruiert, dass sie Ihnen genau diese Erfolgserlebnisse bereitet. Sie brauchen etwas – das ist das Ziel –, und Sie erreichen es, indem Sie Geld (und in der Regel auch Zeit) investieren. Sie definieren Ihre Bedürfnisse (Schuhgröße, Auto-Motorisierung), sondieren dann den Markt (Preise, Farben, Sonderangebote, Anprobe/Probefahrt), klären die Rahmenbedingungen (Garantie, Finanzierung), zahlen dann, und das Produkt gehört Ihnen.

Ob Auto, Schuhe oder Erdbeeren: Wir kommen zum Erfolg, ohne eine Beziehung aufzubauen. Würden wir Ware gegen Ware tauschen, wäre das deutlich komplizierter: Wir müssten den zeitlichen Rahmen (möchte ich das Produkt meines Handelspartners jetzt oder gleich haben?), das Gleichgewicht (was ist, wenn ich mehr vom Partner haben möchte als er von mir?), den Wert (wie setzen wir den Preis fest, wenn nicht mit Geld bezahlt wird?), die Haftung (was passiert, wenn mein Partner sich nicht an unsere Abmachungen hält?) und das Bedürfnis nach Sicherheit (wer bezahlt, wenn mein Handelspartner pleitegeht?) klären. Kurz: Wir müssten eine Beziehung aufbauen, um diese Fragen zu besprechen. Leihen wir etwas aus oder verleihen wir etwas, muss ebenfalls ein Vertrauensverhältnis bestehen oder aufgebaut werden. Für den beschriebenen Kaufakt hingegen brauchen wir Geld, sonst nichts. Das Produkt, das wir kaufen, hat nun mal keine Seele. Mit ihm steht uns kein Mensch gegenüber.

Umgekehrt: Ist es vorstellbar, dass wir mit Menschen umgehen können wie mit einem Produkt? Dass Menschen von anderen Menschen als Sache behandelt werden, hat es historisch gegeben, und auch heute noch mag man so manches »Beschäftigungsverhältnis« zumindest als menschenunwürdig bezeichnen. Das nach wie vor schlagendste Beispiel für den Versuch einer Instrumentalisierung des Menschen als reinem Produktionsfaktor lieferte Henry Ford, der Erfinder von Fließband und Massenproduktion: »Ich brauche nur zwei Arme und zwei Beine«, seufzte er einmal, »aber immer bekomme ich noch einen Kopf dazu.« Was bei dem Unternehmer Ford Bedauern auslöste, ist zum Glück dem übergroßen Rest der Menschheit eine Beruhigung: Menschen haben nicht nur einen eigenen Kopf, sondern auch eine Seele, Menschen haben eigene Interessen, eigene Wünsche, eigene Ziele. Überall dort, wo Menschen nur so wie Maschinen funktionieren müssen, wurden sie bereits oder werden sie noch durch Maschinen ersetzt. Überall dort hingegen, wo es heute um Erfolg geht, kommen Menschen – und damit Beziehungen – ins Spiel.

Es gibt traditionell ein paar Branchen, in denen der Anfangsverdacht besteht, dass der Erfolg des einen auf Kosten des anderen geht: Immobilienmakler, Gebrauchtwagenhändler, Versicherungsvertreter gehören dazu. »Anhauen, umhauen, abhauen« ist die ihnen nachgesagte Geschäftsstrategie. Aber sogar in diesen üblicherweise verdächtigen Branchen stimmt das Bild seit einigen Jahren nicht mehr – wie sich an der Vielzahl von Online-Plattformen und Preisvergleichswebseiten zeigt. Gerade diejenigen Branchen, die bisher davon leben konnten, Intransparenz auszunutzen, sind massiv unter Druck geraten. Genauer gesagt: Es sind diejenigen Anbieter in diesen Branchen gestärkt worden, die sich auf Transparenz einstellen konnten, der Druck lastet fast ausschließlich auf den Intransparenten. Erinnern Sie sich noch an den Namen AWD? Der Versicherungsmakler und Finanzproduktvermittler hat erst seine Selbständigkeit verloren und ist dann auch als Marke verschwunden – aber das Büro des Allianz-Vertreters bei Ihnen um die Ecke ist immer noch da und wird wohl auch noch eine Weile bleiben.

Wenn also mein Erfolg zulasten des anderen geht, schwäche oder zerstöre ich die Beziehung, wenn mein Erfolg auch sein Erfolg ist, stärke ich die Beziehung. Es ist sicherlich kein Zufall, dass die meisten Menschen gerade in dem Moment, in dem sie Erfolg haben, an jene Menschen denken, die ihnen dabei geholfen haben. »Ich stehe auf den Schultern von Riesen«, sagte Isaac Newton, als er als das große Genie der Physik gefeiert wurde. Und jeder Oscar-Gewinner hat einen Zettel in der Tasche mit den Namen all jener Menschen darauf, ohne die sein Triumph nicht möglich gewesen wäre. Und das übrigens nicht nur, weil er sich zu benehmen weiß, sondern vor allem auch, weil er über den Triumph des Tages hinaus Erfolg haben will. Damit ist Hollywood der übrigen Wirtschaftswelt schon ein paar Jahre voraus. Diese wird aber, ob sie will oder nicht, bald nachziehen. Denn ein kurzfristiger Erfolg, der nicht auf langfristigen Erfolg ausgerichtet ist, wird bald kein Erfolg mehr sein.

2. Geschäftlicher Erfolg braucht Partner

Sehen Sie sich die Illustration aus dem vorigen Kapitel noch einmal an. Und dann vergleichen Sie sie mit der nachfolgenden Darstellung.

Sie sehen zwei Könige, die sich den Platz an der Spitze teilen – und sich darüber offensichtlich freuen. Das weicht deutlich ab vom althergebrachten Bild des erfolgreichen Menschen als Einzelkämpfer. Man muss nicht unbedingt dem berüchtigten Highlander-Prinzip anhängen (»Es darf nur einen geben!«), um sich von der »Doppelspitze« zumindest irritiert zu fühlen. Dürften doch die meisten von uns eher die klassische Siegerehrung aus dem Sport vor Augen haben, wenn es um die bildliche Darstellung von Erfolg geht: Auf dem obersten Podest steht einer, der Champion. Daneben und etwas niedriger stehen der Zweite und der Dritte aus dem Wettkampf. Wie heißt es so schön: »Der Zweite ist der erste Verlierer.«

Auch im ökonomischen Wettbewerb geht es schließlich nicht darum, einer der Besten zu sein, sondern *der* Beste. Entweder Sie bekommen den Job oder den Auftrag oder jemand anderes; aber garantiert nicht Sie zusammen mit einem Mitbewerber. Also kann der es schon mal nicht sein, der neben Ihnen den Erfolgsplatz einnimmt. Bleibt also nur Ihr Vertragspartner – Ihr Käufer, Ihr Kunde, Ihr Auftraggeber.

Es gibt eine Grundregel bei den Ökonomen: Ein Handel ist grundsätzlich als etwas Positives einzuordnen, findet er definitionsgemäß doch immer nur dann statt, wenn alle daran beteiligten Personen davon überzeugt sind, dass sie mit dem Handel besser dastehen werden als ohne diesen. Sonst würde sich zumindest einer der Beteiligten gar nicht darauf einlassen. So umstritten diese Grundregel bei den Theoretikern inzwischen auch ist – immerhin sind mit einem Deal oft Nachteile für unbeteiligte Dritte wie beispielsweise die Natur verbunden, auf die die Handeltreibenden mitunter keine Rücksicht nehmen –, in der Praxis, im Geschäftsleben ist diese Grundregel schlicht Gesetz: Wenn Sie von einer Transaktion profitieren wollen, dann muss sie so sein, dass beide Seiten davon profitieren. Es ist also zwingend, dass Sie, um Erfolg zu haben, *immer* auch die andere Seite mit in die Kalkulation einbeziehen müssen. Es geht dabei nicht um die Frage, ob Sie Ihren Erfolg mit jemandem teilen *wollen*. Die Voraussetzung für Ihren eigenen Erfolg ist die Kooperation mit einem erfolgreichen Partner, der zugleich Teil Ihres Erfolges ist und Anteil an Ihrem Erfolg hat. Ob Sie wollen oder nicht, Sie haben da oben immer jemanden neben sich: Nur wenn zwei Menschen dort stehen, können Sie als einer davon Ihren Erfolg feiern. Für Sie allein ist dort oben kein Platz.

Der Erfolg des anderen kann dabei durchaus ein anderer sein als Ihr eigener, und nicht immer muss er in Geld gemessen werden können. Ein neuer Mitarbeiter kann Ihnen Arbeit abnehmen, wodurch Sie sich besser auf Ihre Kernkompetenzen konzentrieren (und mutmaßlich mehr Umsatz machen) können – oder Ihnen mehr Zeit für die Familie (und mutmaßlich mehr Lebensglück) bleibt. Ihrem Mitarbeiter wiederum kann es ums Geld gehen, um die Berufspraxis, um die Entwicklungsmöglichkeiten oder um das Zusammensein mit netten Menschen. Nur ein kleiner Teil dieser möglichen Gedanken und Hintergedanken wird in den Vertrag zwischen Ihnen beiden einfließen; aber auch das nicht Gesagte, nicht schriftlich Fixierte trägt zur jeweiligen Entscheidung bei.

Wenn Geschäfte zwischen Menschen gemacht werden, dann ist damit gesagt:

- Geschäfte werden nicht zwischen Unternehmen gemacht. Egal mit welchem Unternehmen Ihr Unternehmen einen Vertrag schließt – die Unterschrift kommt nicht vom Unternehmen, sondern von einem Menschen im Namen des ganzen Unternehmens. Auch Warren Buffett, über viele Jahrzehnte der erfolgreichste Investor der Welt, steckte schon immer sein Geld am liebsten in Familienunternehmen: Patriarchen, die ihre Nachfolge regeln wollten, sahen in einem Handschlag-Deal mit Buffett oft eine bessere Alternative als in einem anonymisierenden Börsengang.
- Geschäfte werden nicht zwischen Institutionen gemacht. Es mag die jahrzehntealte deutsch-französische Freundschaft geben – aber sie wird getragen von Menschen. Helmut Schmidt verstand sich mit Valéry Giscard d'Estaing, aber nicht mit François Mitterrand – der wiederum verstand sich mit Helmut Kohl. Angela Merkel fand eine Ebene mit Nico-

las Sarkozy, aber nicht mit François Hollande. Und das hat nicht unbedingt etwas mit Parteizugehörigkeit zu tun, sondern mit den Menschen und ihren Beziehungen.

- Geschäfte werden nicht von Computern gemacht. Natürlich gibt es jede Menge und immer mehr Computerhandel an den Weltbörsen und Online-Marktplätzen: Bevor ein menschlicher Händler auch nur einen Mausklick machen könnte, hat der Algo-Trader schon dutzendfach gekauft und wahrscheinlich auch schon wieder verkauft; die durchschnittliche Haltezeit von Aktien im High-Frequency Trading liegt im Sekundenbereich. Aber man kann sie, wie den Zauberlehrling in Goethes Gedicht, niemals alleine lassen. Denn wenn an den Marktplätzen die Roboter konkurrieren, kann es schon mal passieren, dass sie in einem »flash crash« alle gleichzeitig kollabieren (wie am 6. Mai 2010 geschehen) oder dass ein gebrauchtes Fachbuch für 23 Millionen Dollar angeboten wird – das geschah im April 2011 mit *The Making of a Fly* von Peter Lawrence bei Amazon, weil die Preisprogramme zweier Anbieter sich gegenseitig hochgeschaukelt hatten.
- Passen die Menschen nicht zueinander, kommt es auch nicht zum Geschäft. »Sometimes you just don't like somebody« – manchmal mag man jemanden einfach nicht –, so lautete Henry Fords II. einziger öffentlicher Kommentar, als er am 13. Juli 1978 Lee Iacocca als Ford-Chef gefeuert hatte – nachdem der immerhin acht Jahre an der Spitze des Autokonzerns gestanden hatte. Der frühere Daimler-Chef Jürgen Schrempp formulierte seine Abneigung gegen VW-Chef Ferdinand Piëch deutlich drastischer: »Mit dem würde ich nicht mal gemeinsam pinkeln gehen.« Und solange auf der Entscheiderebene derart die Krallen ausgefahren sind, braucht man erst gar nicht darüber nachzudenken, ob und welche möglichen Synergien oder Kooperationsmöglich-

keiten zwischen zwei Unternehmen, Verbänden, Regionen bestehen.

- Und schließlich: Geschäfte werden nicht ohne Menschen gemacht. Es gibt unzählige Versuche, das Geschäftemachen zu maschinisieren oder zu »objektivieren«, also den menschlichen Faktor aus der Transaktionsgleichung zu entfernen. Öffentliche Ausschreibungen sind mit die bekanntesten derartigen Versuche: gleiche Informationen und Bedingungen für alle, das günstigste Angebot bekommt den Zuschlag. So klar und bürokratisch durchorganisiert, dass man die Verantwortung sogar einer Auftragserteilungsmaschine übergeben könnte, oder? Natürlich nicht. Denn da gibt es nicht nur viele Wege, von Mensch zu Mensch die Bedingungen zu umgehen (die meisten davon fallen unter den Begriff Korruption), sondern es gibt vor allem eine Vielzahl von Varianten, das eigentlich so fest geschnürte Bündel nach dem Zuschlag wieder aufzuschnüren. Egal welches Großprojekt man betrachtet, ob den Flughafen in Berlin, den Bahnhof in Stuttgart oder die Elbphilharmonie in Hamburg, die Bausumme am Ende hat nichts, aber auch gar nichts mehr mit dem Betrag zu tun, für den das Unternehmen ursprünglich den Zuschlag bekommen hatte.

Jeder Versuch, den Menschen aus dem eigentlichen Deal herauszuhalten, führt letztlich dazu, dass er an irgendeiner Hintertür wieder in den Deal hineinkommt. Viele halten das für ein Problem. Ich sehe darin die Lösung eines Problems.

3. Geschäfte entstehen aus Transaktionen

Wenn die Unterzeichnung eines Vertrages live im Fernsehen übertragen wird, muss es sich um einen wirklich großen Deal handeln. Und danach sah es am 26. November 2012 aus, als vor laufenden Kameras des ukrainischen Staatsfernsehens und in Anwesenheit des Premierministers ein Vertrag über den Bau eines Erdgas-Verladeterminals am Schwarzen Meer unterschrieben wurde. Etwa eine Milliarde Euro würde der spanische Konzern Gas Natural Fenosa bis zum Jahr 2018 in das Projekt investieren. Doch noch während der Zeremonie meldete sich die Unternehmensleitung mit einer überraschenden Information: Sie habe keine Ahnung von dem Vorgang, und wer immer dort gerade einen Vertrag unterschreibe, er sei dazu nicht befugt. Der vorgebliche Konzernmanager entpuppte sich schnell als ein spanischer Hochstapler ohne jeglichen Auftrag – das schöne Milliardenprojekt löste sich in Luft auf. Das ist es, weshalb Norbert Blüm regelmäßig mahnte, bei einem politischen Beschluss müsse vor jedem Kommentar dazu erst »die Tinte trocken« sein. Das Risiko, doch nur über Luftschlösser geredet zu haben, ist schlicht zu groß.

Meine einschlägigste Erfahrung in dieser Hinsicht war ein Mietvertrag: von mir bereits unterschrieben und vom Vermieter, einer großen Investmentbank, nun ja, so gut wie. Alle meine Gesprächspartner hatten mir versichert, dass es überhaupt kein Problem gebe. Sobald alle behördlichen Genehmigungen vorlägen, würde man unterschreiben. Doch es kam anders, denn keiner meiner Gesprächspartner war tatsächlich unterschriftsberechtigt. Und die Unterschriftsberechtigten waren für mich nicht erreichbar. Wochen später, ich hatte schon kräftig vorgeplant und mich auf den Umbau eingestimmt, erhielt ich die dürre Mitteilung, dass der ganze Vertrag aufgrund eines anonymen Gremienbeschlusses nicht zustande käme.

Im Rückblick gesehen muss ich damals auf meine Umgebung wie eine Art Luftschlossherr gewirkt haben. Eine Spezies, zu der ich niemals gehören wollte. Wie oft erlebt man Menschen, die schon so gut wie Millionäre sind! Die praktisch alles geregelt, alles unter Dach und Fach haben. Nur die Unterschrift unter dem Vertrag fehlt eben noch. Eine Kleinigkeit, ach, nicht einmal das, reine Formsache!

Ist es jedoch nicht. Denn bevor es zum Erfolg kommen kann, muss vorher etwas anderes abgelaufen sein – und zwar nicht nur in den Köpfen der Beteiligten, sondern ganz real. Und für dieses »Etwas«, die nächste Stufe der Beziehungspyramide, habe ich den Begriff Transaktion gewählt.

Transaktion bedeutet Übertragung; es wird etwas von einem zum anderen übertragen, oft auch gleichzeitig etwas anderes in der Gegenrichtung – es findet also ein Tausch statt. Der Wechsel Ware gegen Geld ist das klassische Bild dafür: Am Marktstand wandern Tomaten in den Einkaufskorb und Münzen in die Kasse des Händlers. Der Friseur nimmt zwar seinen Kunden neben Geld auch Haare ab – aber dennoch handelt es sich um die ganz normale Transaktion »Frisur gegen Bezahlung«.

Häufig geht es gar nicht so sehr um einzelne Transaktionen als vielmehr um wiederholte oder dauerhafte Vorgänge wie etwa bei einer Lieferantenbeziehung oder einem Mietverhältnis. In solchen Fällen besteht die Transaktion nicht in einem physischen Austausch, sondern in einem Handschlag oder der Unterschrift unter ein Dokument. Aber ob Ware gegen Geld oder Service gegen Unterschrift, die Transaktion ist eine notwendige Bedingung, um zum Erfolg zu kommen.

Die Transaktion ist der Abschluss eines Prozesses und gleichzeitig der Beginn eines neuen Prozesses. Bis dahin hat man mit- oder auch gegeneinander verhandelt, jetzt handelt man zusammen, vielleicht nur einziges Mal, vielleicht öfter, vielleicht für den Rest seines Lebens. Die Transaktion markiert also einen Wendepunkt, den Übergang von einer zur anderen Geschäftsphase.

Manchmal handelt es sich dabei nicht einmal um einen Wendepunkt, sondern um so etwas wie einen Wendeprozess. Bei den sogenannten Unternehmenstransaktionen zum Beispiel, wo Firmen oder Firmenteile gehandelt werden. Da gibt es den Einstieg, etwa durch eine gemeinsame Absichtserklärung (Letter of Intent); danach die Unterschrift unter den eigentlichen Deal (Signing) und schließlich den formellen Eigentumsübergang (Closing). Dieser ganze Prozess kann Jahre dauern – und natürlich an jeder Hürde scheitern.

Einmal, ich war damals 24 Jahre alt, musste ich auf die harte Tour lernen, was es mit der sprichwörtlichen »trockenen Tinte« auf sich hat. Ein potenzieller Investor hatte einen Letter of Intent für den Einstieg in das Unternehmen unterzeichnet, das ich mit meinem damaligen Geschäftspartner Lars Hinrichs gegründet hatte. Doch anstatt mit jener gründlichen Prüfung des Unternehmens (Due Diligence) zu beginnen, die zu jeder Unternehmenstransaktion dazugehört, passierte – nichts. Die Tage vergingen, der potenzielle Investor meldete sich nicht. Als ich bei demjenigen, der uns zusammengebracht hatte, nachfragte, erfuhr ich, dass wohl auch nichts mehr kommen würde – unser Investor sei wahrscheinlich nicht mehr zahlungsfähig und werde wohl Insolvenz anmelden müssen. Was dann auch geschah. In der Zwischenzeit hatte sich durch das rasante Ende des Dotcom-Booms für unser Unternehmen ebenfalls das Investitionszeitfenster geschlossen; und da sich kein neues mehr öffnete, blieb auch uns keine andere Wahl, als die Tür abzuschließen.

Natürlich habe ich mich gefragt: Hätte ich diesen Flop vermeiden können, wenn ich bei der »Transaktion« besser aufgepasst hätte? Aber Fragen im Konjunktiv, im Hätte- oder Wäre-Modus, helfen nicht weiter – schon gar nicht, wenn es um eine nicht mehr zu ändernde Vergangenheit geht. »Don't cry over spilt milk«, heißt es in England dazu, also habe ich die Frage umgedreht: Worauf muss ich bei zukünftigen Transaktionen achten, damit es nicht wieder zum Flop kommt? Die Antwort, die ich für mich gefunden habe, ähnelt in der Bedeutung sehr einer aus amerikanischen Spielfilmen bekannten Wendung: »Wenn einer von euch einen Grund vorbringen kann, warum diese Trauung nicht vollzogen werden sollte, so möge er nun sprechen oder für immer schweigen«, so die an die Hochzeitsgesellschaft gerichtete Aufforderung unmittelbar vor der eigentlichen Vermählungszeremonie. Meine Formel für erfolgreiche Verhandlungen lautet: »Wir sind uns im Moment einig. Gibt es noch irgendetwas, das unsere Vereinbarung stören kann? Gibt es einen Dritten, der zustimmen muss oder der sein Veto einlegen könnte? Gibt es noch irgendetwas, was von einer der beteiligten Seiten erledigt werden muss? Oder haben wir tatsächlich einen Deal erreicht?« Das schützt zwar weder vor böser Absicht noch vor unerwartet auftauchenden Problemen, aber es macht allen Beteiligten den Handschlagcharakter dieses Moments bewusst. Und nicht nur unter Hanseaten sollte ein Handschlag gleichbedeutend mit einem Vertrag sein.

Ware (oder geldwerte Leistung) gegen Geld oder Ware gegen Ware: Das sind die Typen von Transaktionen, über die ich bisher gesprochen habe. Sie sind der Normalfall im Geschäftsleben. Es gibt allerdings auch ideelle Transaktionen. Man kann beispielsweise unentgeltlich ein Unternehmen oder eine Person beraten. Diese Form einer geschäftlichen Übertragung halte ich allerdings nur dann für tragfähig, wenn das Verhältnis der Beteiligten klar definiert ist. In einer privaten Beziehung stellt solch eine Transaktion eine Art Geschenk oder eine familiär bedingte Selbstverständlichkeit dar, wohingegen sie bei geschäftlichen Beziehungen schon deutlich schwieriger, eigentlich sogar unmöglich ist. Denn wer mir heute etwas kostenfrei, also ohne Berechnung, zukommen lässt, möchte morgen dafür etwas anderes, ein Äquivalent haben. Und wenn die Bedingungen, die sich mit der unentgeltlich erbrachten Leistung verbinden, nicht offen geannt sind und auch nicht die erwartete Gegenleistung, dann erschwert das die Beziehung zu und die Kommunikation mit diesem Geschäftspartner ganz erheblich.

Ich habe häufig mit solchen Situationen zu tun. Die Wahrheit hinter Milton Friedmans schon zitiertem Satz »There's no such thing as a free lunch« ist geradezu mein täglich Brot. Als Hausherr und Gastgeber lade ich sehr viele Menschen in das Restaurant meines Clubs zum Essen ein. Dieses Essen ist kostenlos oder besser gesagt: Es geht auf Kosten des Hauses. Verbucht wird die Rechnung unter Marketing- und Vertriebskosten, denn zumindest eine der Absichten einer solchen Einladung ist es, einen Gast als Mitglied für den Club zu gewinnen. Zwar ist die Annahme dieser Einladung mit keinerlei Verpflichtung verbunden, genau genommen auch nicht einmal mit einer jeweils konkreten Erwartungshaltung. Aber die Erfahrung aus mehreren Jahren zeigt, dass solche Anlässe zur Findung und Bindung von Mitgliedern beitragen. Ich werde auf diese Vorgehensweise später, im Kapitel »Geben und Nehmen. In dieser Reihenfolge«, noch weiter eingehen.

Altruismus, also ein Geben ohne die damit verbundene Erwartung einer Gegenleistung, ist keine Transaktion – und auch keine Geschäftsgrundlage. Aber nicht hinter allem, was zunächst als Altruismus erscheint, steht tatsächlich auch absichtsloses Geben – im geschäftlichen Bereich ist im Grunde genommen nie von uneigennütziger Großzügigkeit auszugehen:

- Stiftungen tauschen Geld gegen Ergebnisse. Die unterstützten Projekte sollen mit dem, was sie erzielen wollen, dem Stiftungszweck entsprechen.
- Politik tauscht vermittels Subventionen Geld gegen wirtschaftspolitische Zwecke. Die Unterstützung von Unternehmen mit Steuergeldern muss immer gut begründet sein. In der Regel ist sie es mit der Schaffung oder zumindest Sicherung von Arbeitsplätzen.
- Mentoren tauschen Zeit gegen Sinn. Sie geben ihre Erfahrung unentgeltlich an ihre Schützlinge weiter und erhalten bei dieser geld- und dinglosen Transaktion das Gefühl, etwas Sinnvolles geleistet zu haben.
- Mäzene tauschen Geld gegen persönlichen Ruhm. Sie finanzieren Talente in der Hoffnung, durch deren Erfolg

ebenfalls zu (noch mehr) öffentlichem Ansehen zu gelangen. Das klassische Beispiel: Maecenas, der erste Mäzen überhaupt – und ein überaus erfolgreicher dazu. Dass die »Rechnung« der Mäzene nicht immer so gut aufgeht, wie es bei ihm der Fall war – Stichwort Vergil und Horaz –, gehört natürlich auch zum Bild.

Man muss prinzipiell einkalkulieren, dass sich nicht jede Erwartung an eine Transaktion erfüllt. Je größer die Unsicherheit über die Gegenleistung ist, desto höher ist auch das Risiko, nicht auf seine Kosten zu kommen. Gilt hingegen das Prinzip »Auge um Auge, Zahn um Zahn«, ist die Gleichwertigkeit einer Transaktion gegeben – wie auch – Ausnahmen bestätigen die Regel – bei der Berechnung Ware gegen Geld oder geldwerten Vorteil. Am erfolgreichsten sind Transaktionen dann, wenn auf beiden Seiten etwa der gleiche Geldwert in die Hand genommen wird bei jeweils unterschiedlichen Nutz- oder Mehrwerten für die Transaktionspartner.

4. Transaktion baut auf Kommunikation

So langsam nimmt die Pyramide, an deren Spitze Sie stehen, Gestalt an. Höchste Zeit also, den Faktor mit aufzunehmen, der sicher nicht nur nach meiner Erfahrung als das entscheidende Element des Beziehungsmanagements gilt: die Kommunikation. Sie ist es zumindest, auf die sich die meisten Networking-Ratgeber und Selbstvermarktungsschriften konzentrieren und Ratschläge durchaus zweifelhafter Qualität geben: Lernen Sie hier, wie Sie jeden Menschen da draußen um den Finger wickeln können! Wie Sie zum richtigen Zeitpunkt den richtigen Ton treffen! Wie Sie sich an der geeigneten Stelle geschickt in Szene setzen! Wie Sie sich bestmöglich verkaufen! Und so weiter und so fort.

Wie gesagt: Ob solche mit viel Verve angedienten Rezepturen halten (können), was sie versprechen, wäre bei anderer Gelegenheit zu prüfen. Ich bin zwar auch der Meinung, dass eine zum Erfolg gebrachte Transaktion ohne Kommunikation nicht möglich ist. Dennoch nimmt die Kommunikation aus meiner Sicht in und für solch einen Verlauf keine in irgendeiner Weise herausgehobene Position ein. Alle Elemente der Beziehungspyramide, die ich hier aufbaue, sind gleichermaßen wichtig, und wie bei einer echten Pyramide ist kein Bauteil verzichtbar. Deswegen wird Kommunikation allein Sie nicht ans Ziel bringen. Sicher: Kommunikation ist wichtig, und die Kunst des Small Talks wird nur von wenigen Menschen beherrscht. Doch nur mit Small Talk sind Sie (zwar) ein gern gesehener Gast – aber noch kein geschätzter Gastgeber.

Warum nur ist die Meinung so weit verbreitet, Kommunikation sei das entscheidende Element im Beziehungsmanagement? Vermutlich ist dies darauf zurückzuführen, dass viele Menschen für ihr Scheitern in wichtigen Situationen ihre persönlichen Kommunikationsprobleme verantwortlich machen. Sie kommen allein auf die Party und gehen allein wieder nach Hause? Klar, Sie haben

nicht den richtigen Ton getroffen, sich nicht richtig getraut, an die entscheidende Person heranzutreten. Außerdem haben Sie gesehen, dass andere mehr Erfolg hatten? Klar, die anderen haben es einfach »drauf«, sich selbst zu vermarkten und in den Mittelpunkt zu stellen.

Es ist einfach und scheint auf den ersten Blick auch schlüssig, das eigene Scheitern auf mangelnde Kommunikationsfähigkeiten zurückzuführen. Das heißt aber dennoch nicht, dass man damit die richtige Erklärung gefunden hat. Denn diejenigen, die es in der Kommunikation »draufhaben«, kommen vielleicht erst mal weiter, aber nicht sehr lange. Nehmen Sie als Beispiel den wohl großartigsten Kommunikator in der deutschen Politik der vergangenen Jahrzehnte: Karl-Theodor zu Guttenberg. Ohne ihn je persönlich kennengelernt zu haben (und aus vielen Begegnungen mit Politikern weiß ich, dass es einen enormen Unterschied zwischen medialer und realer Präsenz geben kann), behaupte ich, dass zumindest seine Wirkung über die Medien von unvergleichlicher Wirkung war. Eine Zeitlang sah es so aus, als könne zu Guttenberg den Deutschen alles verkaufen, ohne dass er seine Kompetenz je wirklich unter Beweis hatte stellen müssen. Die Mehrheit der Bürger wollte ihn ganz oben sehen – dort, wo es nicht mehr aufs Verkaufen, sondern aufs Machen ankommt. Eine Schwäche auf der vorgelagerten Informationsebene (mehr dazu im nächsten Kapitel) beendete abrupt seine Karriere – und machte bald darauf den Blick frei auf seine Schwächen auf der Transaktionsebene.

Kommunikation ist einerseits nicht alles im geschäftlichen Leben, andererseits geht ohne sie nichts. Sie steht als Mittler zwischen dem, was Sie im Kopf haben, und dem, wozu Sie Ihrem Geschäftspartner später die Hand reichen. Ihre Kommunikation wird in einigen Fällen einen messbaren Erfolg in Form einer Transaktion haben. Aber auch wenn der unmittelbare Erfolg ausbleibt, kann die bereits erfolgte Kommunikation noch einen Mehrwert für Sie entwickeln. Immerhin haben Sie mit einem Menschen gesprochen und verhandelt, der nun über weiterführende Informationen, Hintergründe und Geschichten von Ihnen verfügt. Das kann zu für Sie nützlichen Multiplikationseffekten im Netzwerk Ihres Gesprächspartners führen. Gut möglich, dass in der Folge Ihnen noch unbekannte Menschen mit einer Empfehlung auf Sie zukommen.

Geht es um die kommunikative Vorbereitung auf ein geplantes Geschäft, spielt natürlich nicht nur der Gesprächsanteil eine Rolle, der sich direkt auf die beabsichtigte Transaktion bezieht. Der kommunikative Austausch beginnt, lange bevor die Geschäftspartner sich treffen, und besteht auch nicht einfach nur darin, miteinander zu reden. Denken Sie allein an den Aufwand, den es bedeuten kann, mit der richtigen Person überhaupt in Kontakt zu kommen. Schon hier beginnt das, was wir zu großen Teilen dem Bereich der Kommunikation zuordnen können. Angefangen bei Fragen wie der, ob man Termine von Vorzimmer zu Vorzimmer vereinbart – allein schon um zu zeigen, dass man ein Vorzimmer hat –, oder der, ob man die Person direkt oder über einen Mittelsmann anspricht. Über die Frage, welche Form der Kontaktaufnahme man wählen soll: Mail? Brief? Besser Telefon? SMS? Twitter-Direktnachricht? Bis hin zur wichtigen Frage des Tonfalls: Kann er locker-flockig sein, oder sollte er doch lieber förmlich bleiben? Persönlich oder distanziert? Anrede mit: Sehr geehrte Frau …? Oder mit: Lieber Herr …? Mit Titel oder ohne? Sie oder du? Mit »Herzliche Grüße« enden oder doch lieber »Mit freundlichen Grüßen«?

Alles heikle, aber vorentscheidende Fragen, denen man ausreichend Zeit widmen sollte. Wenn Sie die Kontaktaufnahme übernehmen, sind Sie es auch, der den Kanal dafür und den Tonfall vorgibt – also die Ebene, auf der ein zukünftiger persönlicher Kontakt sich abspielen kann. Wobei Ihre Entscheidungsfreiheit durchaus eingeschränkt sein kann: Den Bundespräsidenten beispielsweise dürfen Sie nur duzen, wenn Sie noch keine sechs Jahre alt sind; und wenn Sie einen Ton anschlagen, bei dem sich Ihr Gegenüber absehbar unwohl fühlen wird, senken Sie damit die Erfolgswahrscheinlichkeit Ihrer Kommunikation, bevor diese richtig angefangen hat.

Ist Ihr künftiger Gesprächspartner Initiator der Kommunikation, gilt für Sie die einfache Regel: auf derselben Frequenz bleiben. Wählen Sie den von der anderen Seite vorgegebenen Kanal und Ton. Einen Brief beantworten Sie mit einem Brief, eine SMS mit einer SMS, denn möglicherweise würde ein direkter Anruf den Absender in einer Besprechung stören. Jede Abweichung von der vorgeschlagenen Kommunikationsebene wird von Ihrem Gegenüber als ein Signal verstanden und entsprechend interpretiert – wenn überhaupt, sollten Sie dieses Mittel also sehr bewusst einsetzen. Wenn Sie den für die erste Kontaktaufnahme gewählten Briefverkehr auf die Dauer für zu förmlich oder zu privat halten, könnten Sie mit einer Mail antworten und damit indirekt einen Kanalwechsel vorschlagen.

Je größer der Statusunterschied zwischen Ihnen und Ihrem Gesprächspartner ist, desto weniger Zeit und Gelegenheit werden Sie haben, um Ihr ranghöheres Gegenüber von Ihren Plänen zu überzeugen. Beim Bundespräsidenten oder Konzernchef als Extrembeispiel werden Sie nicht mehr als drei Sätze Zeit haben – auch wenn Ihr Vorhaben es wert wäre, mehr Zeit zu bekommen.

Und dass ein Anliegen sich in drei Sätzen abhandeln ließe, dürfte wohl eher die Ausnahme sein. Als Schüler schaffte ich das tatsächlich: Für unsere Schülerzeitung namens *Loichtturm* war ich in ganz Deutschland unterwegs, um Politiker und andere Prominente darum zu bitten, für uns einen Leuchtturm zu malen. Um das zu kommunizieren, kam ich mit drei Sätzen gut aus: »Guten Tag, mein Name ist Peer-Arne Böttcher von der Schülerzeitung *Loichtturm* aus Hamburg. Darf ich Sie bitten, einen Leuchtturm für mich zu zeichnen? Ich werde diesen in unserer Zeitung veröffentlichen und die Zeichnung später für einen guten Zweck versteigern.« Für den damaligen SPD-Vorsitzenden Rudolf Scharping waren noch nicht einmal diese drei Sätze nötig. Er saß mit Vertretern der deutschen Wirtschaftsverbände auf einem Podium, ich unten im Publikum. Nach dem Ende der Veranstaltung stürmte ich auf die Bühne. Wohl etwas zu ungestüm, denn unversehens hatte ich das Sicherheitspersonal auf den Fersen. Mein Glück war, dass Rudolf Scharping von meinen Aktivitäten bereits gehört hatte, so dass ich ihm gar nichts erklären musste. Noch auf dem Podium malte er kurzerhand einen Leuchtturm – und sorgte sogar dafür, dass alle anderen Podiumsmitglieder ebenfalls zum Stift griffen.

Da die wenigsten Vorhaben so einfach und knapp zu kommunizieren sind, muss Ihre Kontaktaufnahme, ob als »Elevator Pitch« oder als Mail an das Vorzimmer, darauf ausgerichtet sein, die Gelegenheit zu einem persönlichen Treffen zu erhalten. Das heißt für Sie: Packen Sie nicht alles in drei Sätze. Ihr Ziel ist es, Interesse zu wecken. Also wählen Sie in der Erstansprache jene Informationen aus, die dem Adressaten in knappen Worten seinen konkreten Nutzen und Mehrwert eines persönlichen Gesprächs mit Ihnen deutlich machen. Hier die richtige Balance zu finden ist eine lange zu übende und auch dann nicht immer gelingende Kunst. Schaffen Sie es aber, haben Sie eine wesentliche Hürde übersprungen. Sie werden dann die Zeit erhalten, in der nächsten Runde 300 Sätze anzubringen.

5. Kommunikation braucht Information

Die im vorigen Kapitel angesprochene Frage, ob Sie das für ein geplantes Geschäft wirklich richtige Gegenüber ausgewählt haben und zudem sicher sind, dass dieses Gegenüber seinerseits der Meinung sein wird, ausgerechnet mit Ihnen ins Gespräch kommen zu wollen, lässt sich nur vermittels intensiver Vorbereitung klären. Das heißt, Sie müssen sich gründlich informieren, sich Informationen verschaffen, die Ihnen helfen, die Kommunikation möglichst souverän zu steuern. Ihre Chancen auf eine Transaktion und damit die Erfolgsaussichten von Ihnen und Ihrem Geschäftspartner werden sich dadurch deutlich erhöhen.

Information ist demnach Ausgangspunkt und Basis jedes erfolgreichen Beziehungsmanagements – und ergo das Fundament der Beziehungspyramide.

Die richtige Information zur richtigen Zeit in der richtigen Hand kann einen Krieg entscheiden oder ein Vermögen bedeuten. Hätte König Priamos rechtzeitig erfahren, dass sich im Bauch eines gewissen Holzpferdes schwer bewaffnete Krieger befinden (und dieser Information auch geglaubt), wäre sein Troja nie von den Griechen erobert worden. Und hätte nicht ein gewisser Nathan Mayer Rothschild am 20. Juli 1815 früher als alle anderen Menschen in London vom Ausgang der Schlacht von Waterloo erfahren, wäre seine Familie wohl kaum zur Legende in der Finanzwelt geworden.

Die Geschehnisse im Trojanischen Krieg wurden uns von Homer so geschildert, als habe sich der Wille der Götter im Olymp durchgesetzt. Bei Rothschild hingegen war schnell klar, dass allein menschliche Klugheit und Geschick den Ausschlag für seinen Erfolg gaben. Ob den schon als Börsenguru bekannten Baron seine Informationen über Brieftauben oder über Kurierstafetten erreichten oder ob er sie aus einer über Nacht auf einem eigenen Schiff nach England gebrachten holländischen Zeitung erhielt, ließ sich nie klären. Auch nicht die Frage, wie genau er seine Exklusivinformationen an der Börse in Vermögen umgewandelt hat: Hat er erst geblufft und den Eindruck erweckt, die Engländer hätten in Waterloo gegen Napoleon verloren? Oder hat er gleich britische Staatsanleihen eingekauft, die im Falle des Sieges der Engländer den höchsten Gewinn versprachen? Wie auch immer es war: Was die Geschichte eindeutig zeigt, ist, wie essenziell Informationen für erfolgreiche Transaktionen sind – und wie der geschickte Umgang mit Informationen den Lauf der Dinge beeinflussen kann.

Heute bietet ein lückenloses Nachrichtennetz Zugang zu Informationen aller Art, und eine Entscheidungsschlacht wie Waterloo würde von Hunderten von Kriegsberichterstattern im Fernsehen (und auf Twitter) live kommentiert. Wer allerdings mit seinen Geschäften bluffen will, muss nicht nur Händler, sondern auch

Handelssoftware übertölpeln; Insider-Trading ist mittlerweile in jedem zivilisierten Land verboten – und trotzdem ist der grundlegende Mechanismus immer noch der gleiche. Informationen bleiben ein wertvolles Gut. Und noch dann, wenn vollkommene Transparenz herrscht und alle über die gleichen Informationen verfügen können, ist es umso reizvoller, einen Zugang zu einem Häppchen Extrainformationen zu finden.

Aber im Gegensatz zum Rothschild-Coup geht es beim Aufbau einer geschäftlichen Beziehung in den allermeisten Fällen nur um Informationen, über die jeder verfügen könnte – wenn er sich denn die Mühe machte, sie zu sammeln.

Ein gutes Beispiel dafür ist die Arbeit unseres Mitgliedermanagements im Business Club Hamburg. Dieses sechsköpfige Team ist vor dem Hintergrund völlig unterschiedlicher Lebensläufe, Charaktere und Altersjahrgänge bestens in der Lage, sich der Organisation eines heterogenen Netzwerks zu widmen. Neben der Gastgeberrolle von Veranstaltungen besteht die Aufgabe darin, unsere Mitglieder zielführend miteinander ins Gespräch zu bringen. Um dies tun zu können, benötigen wir viele Informationen. Und diese sind zwar auch an allgemeinen Fakten orientiert, in erster Linie aber an den Menschen selber. Damit es im Rahmen unserer Veranstaltungen zu guten Kontakten und Gesprächen über die jeweiligen Geschäftsfelder und Kernkompetenzen kommt, ist es erforderlich, dass wir das Profil jedes einzelnen Mitglieds kennen – und vor diesem Hintergrund abschätzen können, welche Menschen zusammen ein für alle Beteiligten spannendes Matching ergeben könnten.

Das bedeutet, dass unser Mitgliedermanagement ein Stück der Arbeit übernimmt, die im Normalfall Sache der Gesprächspartner selbst ist: aus dem, was es an verfügbaren Informationen über sie gibt, die wesentlichen Aspekte herauszufiltern und daraus anwendbares Wissen zu machen. Gibt es zwischen ihnen konkrete Anknüpfungspunkte? Könnte für beide Seiten ein gegenseitiger

Nutzen und Mehrwert entstehen? Lassen sich beide Fragen mit einem Ja beantworten, steht einer durch uns vermittelten Vorstellung nichts mehr im Wege. Wie schwer ist im Vergleich dazu eine Kontaktaufnahme ohne hilfreiche Informationen über den Gesprächspartner! Dann ein Gespräch zu führen erfordert viel Erfahrung im Small Talk, andernfalls kann es sich schnell schwierig gestalten und eher zum holpernden Kraftakt werden – begleitet von unangenehmen Pausen und lästigen Wiederholungen. Vergleichbar einer CD, die hängt, oder (für die jüngeren Leser) einem Video, das ständig hakt, weil der Download zu langsam ist – »Beziehungsbuffering« sozusagen: Technische Mängel (in dem Fall Ihre eigenen) lenken Sie ab von dem, was Sie eigentlich hören (oder sehen) wollten, weshalb Sie dann auch lieber den Aus-Knopf drücken, als sich weiter zu kompromittieren. Wenn der Gesprächsfluss ständig durch Informationslücken aufgehalten wird, entsteht beim Gesprächspartner schon bald eine innere Reserviertheit bis Ablehnung – und damit ist die Entscheidung, noch bevor Inhaltliches wirklich vorgetragen ist, gefallen. Solche Flops lassen sich nur dadurch vermeiden, dass Sie sich im Vorwege über Ihren Gesprächspartner ausreichend informieren – und selber die Initiative durch entsprechende Fragen übernehmen. Mehr dazu erfahren Sie im Kapitel »Wer fragt, der führt«.

Allerdings: Ausreichend informieren heißt nicht, mengenweise Einzelfakten zusammenzutragen und es dabei zu belassen. Die Informationssammlung muss sich zu anwendbarem Wissen verdichten lassen. Sie kennen vielleicht Peter Steiners legendären New Yorker Cartoon aus dem Jahr 1993: »Im Internet weiß niemand, dass du ein Hund bist«, sagt ein Hund, der am PC sitzt. Auch wenn es sich nach wie vor in den seltensten Fällen um echte Hunde handeln dürfte, die im Internet unterwegs sind, Menschen, die sich dem Bild nach so verhalten, gibt es zuhauf: Da gibt es Männer, die sich als Frauen ausgeben und umgekehrt, Nutzer, die sich im Netz älter machen und umgekehrt, die ihre Biografien neu erfinden und bearbeitete Porträtfotos von sich zeigen, die mit ihrer realen Person, zumindest aber ihrem tatsächlichen Aussehen, kaum noch etwas zu tun haben. Informationen aus dem Netz, personenbezogene zumal, sind also mit Vorsicht zu genießen, auch wenn sie nach Art und Umfang vorgeben, alles über einen Menschen zu sagen, was es zu sagen gibt. Nach fünf Minuten Recherche im Internet zu einer Person meinen wir vielleicht ein Gefühl dafür zu haben, mit wem wir es da zu tun bekommen werden – tatsächlich wissen tun wir es allerdings nicht.

»Uns dürstet nach Wissen, aber wir ertrinken in Informationen«, so fasste der US-Trendforscher John Naisbitt den Unterschied zwischen schlichter Ansammlung und nutzbringender Verwertung von Informationen knapp zusammen. Informationen werden erst bewertbar, erst anwendbar, wenn wir Zusammenhänge darin erkennen. Und Zusammenhänge erschließen sich erst vor dem Hintergrund von Wissen. Das bedeutet: Informationen, die ich über einen Menschen sammle, gleiche ich ab mit dem, was ich an allgemeinem Wissen und vielleicht auch konkreten Kenntnissen über ihn habe oder mir an anderer Stelle, beispielsweise bei einem anderen Menschen, besorgen kann. Erst diese Annäherung, die gedankliche Beschäftigung mit einem mir noch unbekannten Wunschgegenüber verschafft mir eine solide Basis für einen Kontakt mit Aussicht auf Erfolg.

Beziehungen + Management = Beziehungsmanagement

Dass Information, Kommunikation und Transaktion aufeinander aufbauen und nachhaltiger Erfolg immer nur als gemeinsamer Erfolg vorstellbar ist, klingt vielleicht einleuchtend, stellt aber vorerst nichts anderes als *eine* Sicht der Dinge, *einen* Erklärungsansatz unter vielen dar. Dieser ist zwar abgeleitet aus realen Erfahrungen, erprobt in der Praxis und nicht zuletzt erlernt aus eigenen Fehlern. Er bleibt aber doch *ein* bestimmter Ansatzpunkt, repräsentiert *eine* bestimmte Sicht auf die Welt.

Man könnte beispielsweise die berufliche und private Existenz viel enger miteinander verbinden oder aber im Gegenteil alles Menschliche im Berufsleben ausblenden. Letzteres tat der berüchtigte Brutalo-Manager Al »Chainsaw« Dunlap, der das Feuern von Tausenden von Mitarbeitern geradezu zelebrierte. »Geschäfte machst du nicht, um geliebt zu werden«, lautete sein Credo. »Wenn du einen Freund willst, kauf dir einen Hund.«

Neben diesen beiden Möglichkeiten kann man den ganzen »Networking-Kram« aber auch einfach nur anrüchig finden. Beispiele für ein völlig fehlgeleitetes Verständnis persönlicher Netzwerkarbeit zum beruflichen Vorteil gibt es schließlich zuhauf. Sie heißen dann »Filz« (in Hamburg), »Guanxi« (in China) oder schlicht »Vetternwirtschaft«. Auch Begriffe wie Strippenzieher, Lobbyist, »spin doctor« oder Mauschler kennzeichnen Personen, die nicht unbedingt positive Assoziationen auslösen.

Bevorzugt man eine dieser genannten Sichtweisen und erkennt in der Pflege geschäftlicher Beziehungen im hier verstandenen Sinne eher das schmückende Beiwerk, auf das zur Not auch verzichtet werden kann, hilft die Beziehungspyramide logischerweise nicht weiter. Denn betrachtet man geschäftlichen Erfolg schlicht als Ausdruck von Durchsetzungsstärke des Einzelnen, die sich eben auf diese Weise im Wortsinne bezahlt macht und sei es auf Kosten anderer, muss man sich auch nicht lange aufhalten mit der Frage, wie Information und Kommunikation zu nutzen sind, um zu einer gewünschten Transaktion und darüber zum Erfolg zu kommen. Helden kämpfen für sich alleine und feiern ihren Erfolg einsam. Das Gegenkonzept zu diesem heute als überholt zu betrachtenden Denken heißt gemeinsam zum Erfolg kommen, alle Beteiligten daran partizipieren lassen und auf dieser Grundlage immer neue Erfolge gemeinsam erleben.

Dass diese Auffassung (noch) keine Selbstverständlichkeit ist und es nicht nur einigen Umdenkens, sondern auch konkreter Voraussetzungen bedarf, damit sie zum Tragen kommen kann, erlebe ich bei meiner täglichen Arbeit, meinen Vorträgen und in Diskussionen immer wieder. Und dass sie wesentlich auf sogenannter Beziehungspflege gründet, weiß ich. Deshalb hier nun also mein Versuch, Sie in die Praxis des Beziehungsmanagements einzuführen. Beziehungsmanagement? Ein sperriges Wort, ich weiß, aber man kann sich erstaunlich schnell daran gewöhnen, insbesondere dann, wenn man es als hilfreiche Abgrenzung zum viel besungenen »Networking« erkannt hat.

Spätestens als ich das erste Mal über die Schreibweise »Nett-Working« stolperte, war mir klar: Dieses Prinzip wird niemals einem professionellen Anspruch genügen, sondern in Definition und Ausführung stets beliebig sein. Networking zielt im Gegensatz zum Beziehungsmanagement nur auf die Ebene der Beziehung und deren Anbahnung, ohne dass konkrete Absicht und Umgang damit näher bestimmt wären. Beziehungen als solche sind im geschäftlichen Rahmen jedoch kein Qualitätskriterium, sie begründen sich nicht aus sich selbst heraus – im Unterschied zur Privatsphäre. Sie zu nutzen, zum richtigen Zeitpunkt in Anspruch zu nehmen, ihren jeweiligen »Wert« zu kennen, sie über das einmal gemachte Geschäft hinaus aufrechtzuerhalten – das sind Aspekte in der profesionellen Beziehungspflege, die über das bloße Interagieren von Menschen hinausgehen. Und um ihnen gerecht zu werden, bedarf es spezieller handwerklicher Fähigkeiten, eines Managements, das definierten Regeln folgt.

So wichtig es heute aus meiner Sicht ist, für so erstaunlich halte ich es, dass die Kombination (Geschäfts-)Beziehung und Management bislang kaum eine Rolle spielt. Es wird davon gesprochen, dass Manager alles Mögliche und Unmögliche managen, bloß nicht ihre Beziehungen. Und dass Networker gut darin sind, Beziehungen zu knüpfen, ohne aber sie zu managen. Diese Sichtweise sollten wir jetzt ändern. In den kommenden Kapiteln erzähle ich Ihnen, wie.

Mit der Beziehungspyramide zum Erfolg

Unser Gang durch die Beziehungspyramide von oben nach unten hat gezeigt: Wer Erfolg haben will, braucht einen Partner, braucht Transaktion, braucht Kommunikation, braucht Information.

Jetzt möchte ich mit Ihnen die Pyramide von unten nach oben zusammensetzen, vom Fundament bis zur Spitze. Für diesen an der praktischen Beziehungspflege ausgerichteten Aufbau habe ich insgesamt zehn Bausteine definiert, die gemeinsam die Beziehungspyramide ergeben. Ich zeige Ihnen, wie Sie über folgende Schritte zu einem erfolgreichen Geschäftsabschluss kommen:

1. Sie wollen einen Menschen für sich als Geschäftsfreund gewinnen (»Klares Ziel, offener Weg«).
2. Sie haben sich im Vorfeld über diesen Menschen informiert (»Der nullte Eindruck«).
3. Sie sind sich über Ihre Vorgehensweise klar (»Nicht Jäger oder Sammler, sondern Förster«).
4. Sie kommen in Kontakt (»Digital hilft, analog entscheidet«).
5. Sie gehen den ersten Schritt (»Geben und Nehmen. In dieser Reihenfolge«).
6. Sie sind selbstbewusst (»Bitte recht offen«).
7. Sie haben Ihr Ziel fest im Blick (»Wer fragt, der führt«).
8. Sie folgen Ihrer Nase (»Wertschätzung ist Pflicht, Sympathie ist Kür«).
9. Sie verhandeln partnerschaftlich (»Nütze deinem Nächsten wie dir selbst«).
10. Sie starten gemeinsam durch (»In guten wie in schlechten Zeiten«).

Jeder einzelne Baustein wird so eingeführt und erläutert, dass Sie erkennen können, wie ich damit agiere und – hoffentlich – wie Sie diese Bausteine für sich selbst einsetzen können. Am Kapitelende finden Sie jeweils einen kleinen Fragenkatalog, der den Kern des Themas noch einmal aufgreift.

1. Das Fundament der Beziehungspyramide: Information

»Wer hohe Türme bauen möchte, verweile lange am Fundament.«

Anton Bruckner (1824–1896)

Erster Baustein: Klares Ziel, offener Weg

Sie erfahren, mit welcher Einstellung Sie sich auf den Weg zum gemeinsamen Erfolg begeben sollten.

Konfuzius sagt: »Der Weg ist das Ziel.« Für viele Lebensbereiche scheint darin eine Wahrheit zu liegen, denken Sie nur an jene Menschen, die dabei sind, sich und ihr Leben in neue Bahnen zu lenken. Aber für die Kunst, gemeinsam erfolgreich zu sein, stimmt diese Aussage und der philosophische Ansatz gerade nicht. Nicht der Weg ist das Ziel. Das Ziel ist das Ziel. Der Weg ist dafür notwendig und manchmal auch lang. Es gibt Menschen, die ich seit Jahren kenne, mit denen mich bis heute ein Ziel, aber noch kein Geschäft verbindet. Das wird schon noch kommen. Laotse sagt: »Nur wer sein Ziel kennt, findet den Weg.«

Ich möchte ein Wort verändern: Wer sein Ziel kennt, findet *einen* Weg. Denn natürlich ist nicht *der eine* Weg zum Ziel der richtige. Und schon gar nicht gibt es *den einen* Weg zum Erfolg.

Auch wenn der Erfolg Einzelner oftmals und gerne so dargestellt wird, als sei der Weg dorthin verallgemeinerbar, bleibt doch immer die Besonderheit, der spezielle Aspekt, der sich auf andere und ihre Lebensverhältnisse nicht übertragen lässt. Auch wenn Biografien von Prominenten wie beispielsweise die der Alpin-Skiläuferin Marina Kiehl oder der Springreiterin Meredith Michaels-Beerbaum mit ihrem Titel beziehungsweise Untertitel *Mein Weg zum Erfolg* immer wieder suggerieren, dass es eine Art Rezeptur für den persönlichen oder auch beruflichen Erfolg gibt, die wir einfach übernehmen können, bleibt das Angebot doch fragwürdig. Ich kann mir nicht vorstellen, dass man die Regeln und Vorgaben für erfolgreiches Training, die beispielsweise beim Skilaufen oder Springreiten gelten, auf berufliches Fortkommen jeglicher Art übertragen kann.

Effizienzdenken, darunter auch die Auffassung von dem einen und richtigen und kürzesten Weg zum Ziel, hat sich – wie so vieles – aus militärischen Zusammenhängen und Erfordernissen entwickelt. In Deutschland wurde zur Zeit der französischen Besatzung ein Wegenetz angelegt, das möglichst schnelle Truppenbewegungen erlauben sollte. Die Straßen verliefen schnurgerade von Ort zu Ort, besser gesagt: von Kirchturm zu Kirchturm. Hatten sich bis dahin die Landstraßen eher an der natürlichen Topografie und am Verlauf von Grundstücksgrenzen orientiert, erhob Anfang des 19. Jahrhunderts erstmals die Geometrie den Anspruch, den besten, weil kürzesten Weg zum Ziel zu kennen.

Diese Geradlinigkeit, aus militärischen Gründen eingeführt und aus Effizienzgründen im Eisen- und Autobahnbau fort-

gesetzt, ist eines der markantesten Kennzeichen für die Rationalität des Industriezeitalters. Man definiere ein Ziel und konstruiere den schnellsten, günstigsten, ökonomisch effizientesten Weg dorthin. Und wo der Weg wie beispielsweise bei Flüssen von der Natur krumm und unrational angelegt war, wurde mit Begradigungen nachgeholfen. »Die kürzeste Verbindung zwischen zwei Punkten ist eine Gerade« – nach diesem Grundsatz operierte der amerikanische Ingenieur Robert Fulton vor mehr als 200 Jahren und läutete mit seinem ersten patentierten Dampfschiff das Ende des Zeitalters der Segelschiffe ein.

Im Internet-Zeitalter – oder sagen wir besser: in der Datenzeit – stellen wir fest, dass zumindest die Informationsvermittlung nicht unbedingt nach diesem mathematischen Grundprinzip funktioniert. Da sind die Verbindungen nicht mehr die kürzesten, sondern manchmal sogar fantastisch verschlungen. Die Daten, die beim Klick auf eine Webseite von deren Server zu Ihrem Bildschirm fließen, gehen keine Napoleon-Straße entlang, sondern folgen zum Teil abenteuerlichen Strecken. Und diese Strecken müssen nicht einmal für die gesamte Information die gleichen sein. Diese kann in mehrere Teillieferungen verpackt, auf unterschiedlichen Wegen transportiert und am Ziel wieder zusammengesetzt werden. Hauptsache, sie kommt an – nach Tausenden Kilometern brutto, verschickt von einem PC zum anderen, der im Abstand von ein paar Zentimetern netto auf der anderen Seite des Büroschreibtischs steht.

Das Ziel im Blick behalten

Aber lassen wir die gigantischen Entfernungen, die Datenströme überwinden müssen. Stellen Sie sich eine ganz einfache Situation aus dem realen Leben vor: Sie sind entschlossen, zu einem Leuchtturm zu wandern, den Sie – flaches Land, weite Sicht – schon von weitem sehen können, auch wenn er vielleicht noch einige Stunden Fußmarsch entfernt liegt. Wie bei den meisten geografischen Zielen gibt es in der Regel viele verschiedene Möglichkeiten, um zu ihm zu gelangen: Sie können die bequeme, dafür aber vielleicht längere Strecke nehmen, ersparen sich aber eine ganze Reihe lästiger Hindernisse; Sie können einen Riesenumweg über eine wunderschöne Blumenwiese machen, in einem Gasthaus einkehren, das abseits des eigentlichen Weges liegt – gleichgültig wie Sie sich entscheiden, Sie steuern auf jeden Fall auf Ihr Ziel zu, das Sie nicht nur im übertragenen Sinne stets im Blick behalten.

Das Ziel nicht aus den Augen zu verlieren ist auch die Richtschnur, die für den geschäftlichen Weg gilt. Im Unterschied zum Leuchtturm an der Küste gibt es für diesen zwar keinen von außen vorgegebenen Fixpunkt. Dafür hingegen Ihre ureigenste unternehmerische oder persönliche Verantwortung, aus der heraus Sie Ihren Fixpunkt, Ihr Ziel festlegen und definieren.

Wichtiger noch als die Bestimmung des Ziels ist es, unterscheiden zu lernen, was Ziel und was Weg ist. Wie wichtig diese Differenzierung ist, zeigt wiederum ein Beispiel aus dem Wirken des unermüdlichen Feldherrn Napoleon. Der setzte sich 1812/1813 das Ziel, Moskau zu erobern, weil er den Krieg gegen Russland gewinnen wollte. Die Eroberung Moskaus war jedoch für sein Ziel, Russland zu schlagen, lediglich der Weg, und der falsche obendrein: Seine Armee eroberte Moskau zwar, er selbst verlor aber den Krieg.

Auch ohne Feldherr zu sein, kann es bei Ihnen Momente geben, in denen alles davon abhängt, dass Sie Ziel und Weg voneinander unterscheiden können. Einen solchen entscheidenden Moment habe ich Ende Februar 2009 erlebt und diese Unterscheidung um Haaresbreite verfehlt. Ich möchte Ihnen kurz davon erzählen.

Es war mitten im Trubel eines Kindergeburtstages, als mich ein Anruf meines Immobilienberaters erreichte. Wenige Monate zuvor hatte ich den Business Club Hamburg gegründet. Dieser nutzte bis dahin Räumlichkeiten in der Handelskammer Hamburg, brauchte für die weitere Entwicklung allerdings ein eigenes Domizil. Aber dem Objekt, das mir mein Makler vorschlug, konnte ich nichts abgewinnen. »Nein, Elbchaussee will ich nicht«, sagte ich ihm. »Das ist zu weit draußen, und außerdem sind mir 1200 Quadratmeter viel zu groß.« Damit hätte diese Geschichte beendet sein können. Schließlich hatte ich eine klare Vorstellung von dem, was ich suchte: Innenstadtlage, 600 Quadratmeter. Also genau das, was ich, wie erwähnt, schon (fast) erreicht hatte: einen bereits ausgehandelten Mietvertrag mit einer amerikanischen Investmentbank für eine Top-Location (wir hatten bereits die Housewarming-Party gefeiert), der sich dann aber in den Wirren der Finanzkrise auf den letzten Metern zerschlagen hatte.

Doch nichts von dem, was ich in der Innenstadt zu sehen bekam, war in der Lage, mich zu begeistern. Also schaute ich mir viele Tage später mit mäßiger Erwartung doch noch die Villa an der Elbchaussee an.

Das Haus, inmitten eines weitläufigen Parks mit eindrucksvollem Blick über die Elbe gelegen, war eine einzige vollständig eingerüstete Baustelle. Eine von Pfützen übersäte Allee führte uns zum Eingang – und dieser war verschlossen. Der Eigentümervertreter hatte keinen passenden Schlüssel dabei. Er entschuldigte sich, kletterte über das Gerüst Richtung Dach und brach dort durch eine Luke ein. Kurze Zeit später öffnete sich ein Toilettenfenster im Erdgeschoss, durch das wir ins Haus klettern konnten. Was für ein Start in eine Immobilienbesichtigung an der Elbchaussee. Im Dunklen stolperten wir über die Fensterbank, neben uns uralte Grabsteine, die bei Arbeiten in den Außenanlagen freigelegt worden waren.

Trotz oder gerade wegen dieses denkwürdigen Starts war es Liebe auf den ersten Blick. Ich wollte diese Villa haben. Am liebsten sofort. Der Eigentümervertreter gab mir die Hand. Seine Worte habe ich noch heute in den Ohren. »Die Immobilie ist nicht offiziell auf dem Markt. Sie sind vorerst der Einzige, der sie zu sehen bekommt.« Wirkungspause. »Ich bin jetzt zwei Wochen im Urlaub, dann können wir den Mietvertrag unterschreiben.« Und so geschah es.

Auf völlig unerwartetem Wege erreichte ich also mein Ziel, eine Heimat für den Business Club Hamburg zu finden. Die »600 Quadratmeter Innenstadt« hatten sich mir während der Suchphase als Formel so fest eingeprägt, dass sie beinahe schon die Bedeutung des eigentlichen Ziels einnahmen. Aber sie waren es eben nicht, sondern »nur« ein Weg und, wie sich später zeigte, längst nicht der einzig mögliche. Hätte ich beharrlich daran festgehalten, gäbe es vielleicht heute noch keinen Club – auf jeden Fall nicht diesen. Und was die ursprünglichen Wunschparameter betrifft: Die »Villa im Heine-Park« befindet sich ganz am Anfang der Elbchaussee, also fast noch im Innenstadtbereich. Und die deutlich höheren Investitions- und Anlaufkosten aufgrund der Größe und der Baustellensituation waren zwar ein unternehmerisches Wagnis, doch das ging auf.

Ein Ziel, viele Wege

Die Unterscheidung zwischen Ziel und Weg erweist sich also als ein wichtiges Hilfsmittel, um gelassen und offen zu bleiben, ohne beliebig zu werden. Denn wenn ich stur meinen Weg fixiere, falle ich leicht über die Steine, die mir direkt vor den Füßen liegen. Behalte ich hingegen mein Ziel im Blick, so werde ich auf dem Weg dorthin vielleicht auch einmal stolpern, doch kaum ganz aus dem Tritt kommen.

Stellen Sie sich vor, Sie sitzen im Auto und fahren eine Kurve. Worauf achten Sie? Auf den Straßenverlauf oder Ihr Ziel? Ich bin mir sicher, dass Sie als geübter Fahrer stets das Kurvenende im

Blick behalten. Ihre Hände lenken dann automatisch, ohne viel nachzujustieren. Ungeübte Fahrer hingegen fahren »eckig« in der Kurve, da sie sich ausschließlich auf die Leitplanke konzentrieren.

Als Autofahrer können Sie die Zielfokussierung und die Wegfindung dorthin übrigens ganz wunderbar üben: Schalten Sie bei Ihrer nächsten Fahrt einfach das Navigationsgerät aus! Dieses technische Hilfsmittel sorgt zwar dafür, dass wir (meistens) genau dort ankommen, wo wir hinwollen. Tatsächlich aber werden wir auf Dauer schlechtere Autofahrer, die sich ohne technische Unterstützung kaum mehr orientieren können und nur noch bis zum nächsten Abbiegen denken. Ohne das Gerät bleiben wir dagegen offener, aufnahmebereiter für streckenunabhängige Informationen, die für diese und eine nächste Fahrt wichtig sein könnten. Wir nehmen deutlich mehr von unserer Umgebung wahr. Solche Erfahrungswerte helfen, die Wertschätzung von neuer Technik zu relativieren – und im Gegenzug vielleicht die von Menschen wieder zu erhöhen. Galt es lange als Wert an sich, immer die neueste Version, das coolste Gadget zu haben, gewinnt Usability inzwischen an Bedeutung: Besser, ich verwende ein altes funktionierendes System als ein neues, das ich nicht verstehe.

Es gibt im geschäftlichen Bereich nicht die asphaltierten Straßen, die Sie direkt und ohne Hindernis zu dem jeweiligen Ziel führen. Sie befinden sich im Gegenteil auf offenem Terrain, in dem Sie im Prinzip in jeder Richtung vorankommen können. Wenn Sie sich dennoch so verhalten, als ließe sich der gesamte Weg minutiös planen, werden sich Ihre Erfolgschancen vermindern. Lassen Sie stattdessen die Zügel locker, seien Sie nicht fokussiert. Es kann sonst passieren, dass Sie nur das sehen, was alle zu sehen bekommen, und dadurch Wichtiges übersehen und die viel größere Chance direkt am Wegesrand gar nicht wahrnehmen.

Steve Jobs hat in einer Rede vor den Absolventen der Stanford University im Jahr 2005 den Erfolg seiner Firma Apple unter anderem damit begründet, dass er als junger Student seinem Herzen folgte. Er war nicht sonderlich zielstrebig, brach das Studium bereits nach sechs Monaten wieder ab und besuchte nur noch sporadisch ein paar Kurse. Kalligrafie zum Beispiel. Im Nachhinein sollte sich zeigen, dass dies ein wesentlicher Faktor für seinen späteren unternehmerischen Erfolg war: Apple stellte die ersten Computer her, mit denen man Texte nicht nur digital erfassen, sondern auch gestalten konnte. Das war ein enormer Wettbewerbsvorteil.

Für Sie bedeutet das: Sie sollten sich ständig jener Balance zwischen klarem Ziel und offenem Weg bewusst sein. Es geht darum, vom Ziel her zu denken und von dort aus die Schritte zu definieren, die gegangen werden müssen. Und wie bei Steve Jobs dürfen durchaus auch Schritte dabei sein, die für Außenstehende zunächst nicht unbedingt logisch erscheinen mögen.

Vom Ziel her denken

Stellen Sie sich vor, Sie wollen für Ihre Kunden sowie Ihre wichtigsten Partner ein Sommerfest organisieren. Es soll an nichts fehlen. Ein schöner, vielleicht sogar außergewöhnlicher Ort. Leckere Speisen, kühle Getränke, Livemusik. Klingt teuer? Das ist es mit Sicherheit. Was tun, wenn Sie kein Budget haben, das diesen Rahmen abdeckt? Versuchen Sie, frei nach Hermann Hesse, das Unmögliche, um das Bestmögliche zu erreichen. Sprechen Sie mit Ihren Mitarbeitern oder Ihrer Agentur und gewinnen Sie diese für Ihr Ziel. Informieren Sie offen über das Budget und fördern Sie die Kreativität aller Beteiligten, um außergewöhnliche Lösungsansätze zu finden.

Wenn Sie sich einen Überblick über die wesentlichen Angebote zur Durchführung Ihrer Feier verschafft haben: Schauen Sie sich zunächst die Kostenseite an, aber bitte ohne sich öffentlich über hohe Preise zu mokieren und reflexhaft günstigere Konditionen einzufordern. Sie würden sich damit als Preisdrücker gerieren, und das wird seitens der Anbieter ebenso reflexhafte Gegenreaktionen hervorrufen. Nehmen Sie sich vielmehr die Zeit, auch hier über Ihr Ziel und dessen Hintergründe zu informieren. Legen Sie nachvollziehbar dar, warum Ihnen die Sache so am Herzen liegt. Wenn dies zu einem geeigneten Zeitpunkt – und bestenfalls persönlich – geschieht, stellt sich meistens eine ganz andere Art von Gespräch ein. Überlegen Sie, ob Sie dem Lieferanten möglicherweise einen adäquaten Gegenwert für seine Leistungen anbieten können, beispielsweise in Form der Produkte oder Dienstleistungen, mit denen Sie erfolgreich am Markt agieren. Wenn es sich nicht gerade um hochspezialisierte Dinge handelt, ergeben sich hieraus möglicherweise verwertbare, weil für den Lieferanten interessante Ansatzpunkte. Warum sollte sich Ihr Lieferant für viel Geld eine neue Internetseite gestalten und umsetzen lassen, wenn Sie dies für ihn erledigen können und bei debitorisch-kreditorischer Rechnungstellung im Gegenzug das vollständige Catering für Ihre Gäste erhalten?

Werfen Sie auch einen Blick auf die Einnahmeseite. Einnahmeseite? Bei einem Sommerfest für Ihre Gäste? Keine Sorge, ich meine damit nicht, dass Sie Eintrittsgeld verlangen sollen. Überlegen Sie sich vielmehr, ob Sie Ihre Partner in die Organisation und Durchführung einbinden können. Sie kennen den Inhaber eines Getränkehandels oder eines Handwerksbetriebs? Sie arbeiten in Kooperation mit einer Rechtsanwaltskanzlei oder einer Software-Schmiede? Überlegen Sie sich, ob Sie diese Unternehmen und die Menschen als Sponsor mit einbinden können – und ob dies einen entsprechenden finanziellen Beitrag rechtfertigt. Oder: Warum richten Sie das Sommerfest nicht gleich gemeinsam aus? Das bündelt Ihre Einladungsverteiler, was vermutlich zu deutlich mehr Gästen führt, die Sie als guter Gastgeber miteinander ins Gespräch bringen können.

Gemeinsam zum Erfolg kommen heißt manchmal ganz schlicht, Partner zu finden, die das eigene Projekt unterstützen –

zu ihrem eigenen Vorteil. Nicht nach dem Prinzip »Vitamin B«, sondern mit aller für reelle Geschäfte nötigen Transparenz und Offenheit. Wenn Sie weniger nach dem Motto »Einer gewinnt«, sondern nach dem Grundsatz »Erfolg ist teilbar« verfahren, ergeben sich daraus neue Möglichkeiten.

Und wenn Ihnen doch einmal ein Stein im Weg liegt? Dann freuen Sie sich erst einmal darüber, dass Sie ihn sehen und nicht über ihn gestolpert sind. Jetzt, wo Sie ihn wahrgenommen haben, können Sie sich mit ihm auseinandersetzen. Auch wenn Sie sich ernsthaft bemühen müssen – Sie werden sicherlich eine Lösung für diese Herausforderung finden.

In der Temperamentenlehre wird am Beispiel eines Stolpersteins gerne der Unterschied zwischen den vier seit der Antike bekannten menschlichen Grundtemperamenten verdeutlicht. Der Phlegmatiker wird einen großen Bogen um den Stein machen, um nur ja jedem Problem aus dem Weg zu gehen. Der Melancholiker wird des Hindernisses wegen seine Reise in Frage stellen, sich traurig auf den Stein setzen, um nachzudenken. Und der Choleriker wird beim Anblick des Steins in Wut geraten und versuchen, ihn mit Gewalt zu beseitigen. Am besten meistert der Sanguiniker das Stein-Problem: Er bemüht sich in aller Ruhe und Heiterkeit um eine möglichst einfache Lösung der ihm gestellten Aufgabe. Er springt drüber.

Die Art, wie der Sanguiniker auf den Stein reagiert, kann Vorbild sein auch für den Umgang mit Menschen im Beruf. Also ist es doch aller Mühe wert, sich als Nichtsanguiniker den einen oder anderen Charakterzug dieser Frohnatur zuzulegen.

Wenn Sie Ihre bisherige Karriere als Rezept beschreiben sollten: Welches waren die wichtigsten Zutaten?

Welche selbst gesetzten Ziele in Ihrem beruflichen Leben haben Sie erreicht?

Welche Wege und Umwege mussten Sie dafür gehen?

Haben Sie für sich eine Regel entdeckt, nach der Sie Ziele am besten erreichen?

Wo stünden Sie heute, wenn tatsächlich *alles* nach Plan gelaufen wäre?

Welche Stolpersteine sind Ihnen schon häufiger begegnet?

Wie haben Sie diese Stolpersteine gemeistert?

Zweiter Baustein: Der nullte Eindruck

Sie erfahren, wie Sie das Bild mitgestalten können, das andere von Ihnen haben, bevor sie Sie kennenlernen.

»Es gibt keine zweite Chance für den ersten Eindruck«, heißt es. Das stimmt. Ich bin davon überzeugt, dass jener »erste Eindruck«, der bei der ersten persönlichen Begegnung entsteht, für die Chemie und die Beziehung zwischen Menschen von entscheidender Bedeutung ist.

Mit dieser Überzeugung folge ich dem Philosophen Arthur Schopenhauer, in dessen Gedanken *Zur Physiognomik* sich auch die Urform des obigen Zitats findet: »Wie Gerüche uns nur bei ihrem Eintritt affiziren und der Geschmack eines Weins eigentlich nur beim ersten Glase; so machen auch Gesichter ihren vollen Eindruck nur das erste Mal.«

Erst wenn die bereits vorhandenen Informationen über eine Person sich mit den Sinneseindrücken und einem Gefühl zu dieser Person verbinden, kann der erste Eindruck entstehen.

Diese Melange aus Informationen und Sinneseindrücken unterscheidet meine Aussage stark von der Schopenhauers und ist als Reflex auf die veränderten Zeitumstände zu verstehen. Denn der »erste Eindruck« heutzutage ist schon lange nicht mehr der erste Eindruck aus einer realen Begegnung. Es gibt vor fast allen persönlichen Begegnungen inzwischen den Eindruck vor dem ersten Eindruck. Er setzt sich zusammen aus den Informationen, die über einen Menschen existieren.

Denn jeder Mensch hinterlässt, ob er will oder nicht, Datenspuren: analog wie digital, online wie offline, bewusst wie unbewusst, in Webseiten und Datenbanken, durch eigene und durch Äußerungen von Dritten. Die Spannbreite zwischen Lüge und Wahrheit, Allgemeinem und Detail, zwischen Altem und Aktuellem ist enorm. Längst nicht immer ist eine Einordnung möglich.

Und weil der Interpretationsspielraum so groß ist, lässt er sich von Einzelnen auch kaum mehr beeinflussen.

Wenn es also um die Anbahnung eines Kontaktes geht, aus dem ein Erfolg werden soll, geht es sowohl um den Voreindruck, den Sie von Ihrem zukünftigen Gesprächspartner haben, wie um den, den Ihr Gesprächspartner von Ihnen mit ins erste Gespräch bringt. Beide »Bilder« müssen zumindest so weit in Übereinstimmung sein, dass jener echte, mit allen Sinnen wahrnehmbare erste Eindruck zustande kommt, der so viel für die Beziehung zwischen Menschen bedeutet. Dafür können Sie eine ganze Menge tun. Und manchmal müssen Sie das sogar.

Auf der Suche nach dem digitalen Ich

Lassen Sie uns mit dem Eindruck beginnen, den Sie auf den anderen machen – und zwar auf jemanden, der Sie überhaupt nicht kennt: Begeben Sie sich auf die Suche nach sich selbst! Seien Sie Ihr potenzieller Gesprächspartner und recherchieren Sie sich im Internet: Suchmaschinen, soziale Netzwerke, die persönliche oder die Unternehmenswebseite sind dafür Ihre Werkzeuge. Welchen Eindruck haben Sie von sich? Und vor allem: Was glauben Sie, wie Sie auf Ihr Gegenüber wirken?

Sie können ziemlich sicher davon ausgehen, dass auch Ihr Gegenüber sich auf diese Suche nach Ihnen macht. Gleich ob er im Status unter oder über Ihnen steht, ob das Gespräch aus seiner Sicht als hochwichtig oder fürs Erste als nicht so bedeutend einzuordnen ist. Schließlich ist es längst kein großer Aufwand mehr, jede Menge über wen auch immer herauszufinden. Ein paar Minuten Wartezeit für den Bus oder das Taxi reichen völlig aus, um eine erste Vorstellung von jemandem zu bekommen. Ein paar Minuten mehr, und es kann dabei sogar eine Detailinformation herausspringen, die sich im Gespräch gut einsetzen lässt.

Versuchen Sie also, sich vorzustellen, welches Bild ein unbefangener Betrachter von Ihnen vermittelt bekommt, wenn er einige wenige Minuten in diese Recherche investiert. Überlegen Sie auch, ob er dabei auf etwas stoßen könnte, was Ihnen für das bevorstehende Gespräch ungelegen käme. Sollte dies der Fall sein: Bauen Sie vor.

Aber was soll man dagegen schon machen?, fragen mich viele. Was im Internet kursiert, lässt sich doch praktisch nicht verändern oder beeinflussen. Ja und nein. Datenspuren, die einen falschen Eindruck von Ihnen entstehen lassen, können Sie nicht einfach ändern: Es gibt keinen Internet-Radiergummi – und oft verschlimmert sich die Sache noch, wenn man zu korrigieren versucht. Es kann sich das einstellen, was als »Streisand-Effekt« bezeichnet wird: Die Schauspielerin Barbra Streisand hatte 2003 versucht, eine Luftaufnahme von ihrem Haus von einer Webseite löschen zu lassen, und machte dadurch erst alle Welt auf dieses Bild aufmerksam. Auch die ehemalige Bundespräsidenten-Gattin Bettina Wulff kann ein Lied davon singen, wie schwierig und zäh es ist, einmal im Internet gelandete Gerüchte wieder daraus zu entfernen.

Das sind freilich Extremfälle. Für Sie ist wichtig zu verstehen, welchen Eindruck Ihre Datenspuren entstehen lassen, um den echten ersten Eindruck entsprechend offensiv steuern zu können. Wenn es Informationen über Sie gibt, von denen Sie meinen, dass Sie dadurch in einem ungünstigen Licht dastehen: Versuchen Sie gar nicht erst, drum herumzureden. Legen Sie sich stattdessen passende Antworten beziehungsweise Reaktionen zurecht oder bauen Sie diese Erfahrung offensiv in Ihre eigene Darstellung ein.

Anders ist die Situation natürlich bei dem, was Sie selbst über sich veröffentlichen, insbesondere in Ihren eigenen Profilen in sozialen Netzwerken. Wie Sie Ihr Profil anlegen, entscheiden Sie selbst. Und damit auch, welchen Voreindruck Sie bei potenziellen Gesprächspartnern hinterlassen. Dabei müssen Sie sich nicht so sehr darum bemühen, nur zu glänzen: Dass Sie ein vorteilhaft wirkendes Foto als Profilbild auswählen, ist völlig in Ordnung. Was allerdings überhaupt nicht mehr in Ordnung ist, sind Versuche, an diesem Foto mit Bearbeitungssoftware herumzumanipulieren. Dann lieber Geld in ein professionelles Foto investieren, das all Ihre »Vorzüge« zur Geltung bringt.

Fotos wirken schnell und nachhaltig und sind deshalb insbesondere für die Recherche eines noch unbekannten Gegenübers von Bedeutung. Unterschätzen Sie diese Wirkung niemals. Gehen Sie daher bei Ihrer Selbstrecherche auf jeden Fall auch auf Bildersuche. Gibt es viele Partyaufnahmen von Ihnen? Das kann anstelle von Geselligkeit auch schnell als leichtlebig wahrgenommen werden. Gibt es viele Bilder eigener Vorträge oder anderer Situationen, in denen Sie im Mittelpunkt stehen? Das könnte als wichtigtuerisch interpretiert werden. Privates Bildmaterial sollten Sie grundsätzlich versuchen, nicht in öffentlich zugängliche Quellen gelangen zu lassen. Insbesondere Bilder Ihrer Kinder haben dort nichts verloren. Versuchen Sie geschäftlich und privat bestmöglich zu trennen. Im Zweifelsfall betrachten Sie das Internet grundsätzlich als geschäftliches Umfeld. Das bezieht auch die sozialen Netzwerke mit ein.

Von Bedeutung ist im Grunde nicht das Foto an sich, das Video oder der Text – sofern dadurch die Grenzen des allgemeinen Anstandsgefühls nicht verletzt werden –, sondern der jeweilige Kontext, in dem es gefunden wird. Er ist es, der Interpretationen nahelegt, und die wiederum können erheblich abweichen – im positiven, aber auch negativen Sinne – vom ursprünglichen Sinn und Zweck des Fotos, Videos oder Textes. Vielleicht wollten Sie ja tatsächlich durch Partybilder und kernige Sprüche auf sich aufmerksam machen. Vielleicht hat aber auch ein anderer Sie auf dem ach so lustigen Schlammcatchen-Video »getaggt« und auf diese Weise über gängige Suchmaschinen dauerhaft auffindbar gemacht. Der Kontext kann aber auch anzeigen, dass es sich bei Ihnen um einen durchaus seriösen Zeitgenossen handelt – der nur anlässlich des Oktoberfests mal etwas über die Stränge schlägt.

Tunnelblick versus Kontexterkennung

Maschinen sind übrigens im Vergleich zum Menschen ganz schlechte Kontexterkenner. Die sehr erfolgreiche Zeitschrift *Landlust* beispielsweise hat immer wieder damit zu kämpfen, dass Mails, die der Kundenservice verschickt, bei den Lesern nicht ankommen. Der Wortbestandteil »lust« sorgt dafür, dass die gängigen Filterprogramme die Mails nicht passieren, sondern gleich im Spam-Ordner verschwinden lassen. Diese Kontexterkennungsschwäche zeigt sich auch an den Versuchen der großen Online-Konzerne, aus digitalen Bewegungsprofilen Rückschlüsse auf Vorlieben zu ziehen, die sich für die Werbewirtschaft auswerten lassen. Oder haben Sie es schon einmal erlebt, dass Ihnen ein Online-Dienst genau das angeboten hat, was Sie wirklich brauchen? Die Angebote, die ich bekomme, gehen mit zuverlässiger Regelmäßigkeit meilenweit an mir vorbei. Deshalb an dieser Stelle, liebe Webseiten: Ich bin kein Traffic und auch keine Page-Impression. Und ich fühle mich in euren Excel-Tabellen ausgesprochen unwohl.

Kontexterkennung ist allerdings auch für Menschen nicht immer einfach. Ich hatte zum Beispiel früher in meinem Profil als Hobby »Gartenarbeit« eingetragen und bekam daraufhin von der Frau eines mir bekannten Unternehmers die Anfrage, ob ich nicht einmal zur gemeinsamen Gartenarbeit vorbeikommen möge. Ihr Mann sei gerade nicht da. Das Hobby flog daraufhin sofort raus aus meinem Profil. Seitdem achte ich darauf, welche irrigen Rückschlüsse aus meinen Angaben gezogen werden könnten.

Wir sollten uns klarmachen, als was und wie wir gesehen werden. Stellt sich die Frage: Was wollen Sie sein? Hot oder cool? Barfuß oder Lackschuh? Sekt oder Selters? Es ist die alte Geschichte von dem, der eine Reise tut und viel zu erzählen hat, wenn er wieder nach Hause kommt: den Freunden von den wilden Partys und gefährlichen Abenteuern, den Eltern von der eindrucksvollen Landschaft und den faszinierenden Kulturgütern. Nichts davon ist hoffentlich erstunken und erlogen, aber jede Auswahl von Geschichten vermittelt eben immer nur eine Seite von sich und dem Erlebten. Was und wie erzählt wird, entscheidet im Regelfall der momentane Zuhörer und seine Beziehung zum Erzähler.

Der Zuhörer ist es auch, der mich und meine manchmal vielleicht auch komplizierte Geschichte verstehen soll. Oder bezogen aufs Business das, was mein Metier ist. Nicht nur Informatiker kennen die leidvolle Erfahrung, in dem, was ihre Profession ist, nicht voll und ganz verstanden zu werden. Auch so mancher, der beruflich mit Hochregallagern und Joghurtmischregelanlagen zu tun hat, weiß von verständnislosen Blicken zu berichten, wenn die Rede auf seine Tätigkeit kommt. So schwer begreiflich das dem Experten wiederum sein mag, es bleibt ihm keine Wahl: Er sollte seine Kernbotschaft möglichst einfach, möglichst unkompliziert ans Gegenüber bringen: Was tue ich? Welchen Nutzen bringt das meinem Gegenüber? Nur so kann er einen langfristig tragfähigen Geschäftskontakt aufbauen.

Das heißt: Machen Sie das, was Sie als zentrale Information zu Ihrer Person und Funktion vermitteln wollen, für einen unbeteiligten Dritten transparent, nachvollziehbar und – siehe Kontexterkennung – überprüfbar.

Dr. Jørn Jørgensen beispielsweise ist Augenchirurg. Er hat mehrere zehntausend Operationen persönlich durchgeführt und könnte dazu sicherlich in allen Details berichten. Allein: Das interessiert kaum einen und vor allem: Es würde ihm geschäftlich wenig nutzen. Stattdessen wird er Ihnen bei einem ersten Kennenlernen recht zügig erzählen, dass nahezu alle Menschen im Alter von rund 50 Jahren altersweitsichtig werden. Er wird Ihnen erklären, dass dies schlichtweg mit der nachlassenden Flexibilität Ihrer Linse zu tun hat und nicht weiter schlimm ist. Denn wenn Ihre Arme zum Lesen nicht mehr lang genug sind und Sie trotzdem keine Brille aufsetzen wollen: Dann gehen Sie einfach zu ihm. Wenn Sie jetzt seinen Namen recherchieren, werden Sie feststellen, dass er erfolgreich eine Klinikgruppe aufgebaut hat, die durch zahlreiche Innovationen bekannt wurde und inzwischen sogar in China vertreten ist.

Auf der Spur eines Unbekannten

Ihr eigentlicher Rechercheaufwand vor einer ersten Kontaktaufnahme gilt Ihrem potenziellen Gesprächspartner. Jedes neue Gegenüber sollten Sie vorab recherchieren, um, wie schon dargestellt, ein erstes Gefühl für diesen Menschen zu bekommen und das Risiko, Überraschungen zu erleben, möglichst klein zu halten – und natürlich aus dem einfachen Grund, weil Sie sich für ihn interessieren.

Ich recherchiere zur Person und deren Werdegang, Vergangenheit, Gegenwart, vielleicht sogar Zukunft. Kaum etwas ist unangenehmer, als jemanden als Mitarbeiter eines Unternehmens anzusprechen, das er bereits vor einiger Zeit verlassen hat. Habe ich die Erwartung, dass mir ein noch unbekannter Gesprächspartner weiterhelfen könnte, dann muss ich möglichst viel über ihn in Erfahrung bringen. Wo kommt dieser Mensch her, wo steht er, wo will er hin?

Im Geschichtsunterricht habe ich mich nie für die historischen Daten interessiert, sondern immer nur für die Zusammenhänge. Genauso gehe ich bei Personen vor. Zwar versuche ich, bei der ersten Recherche die Produkte und Dienstleistungen des Unternehmens zu erfassen und zu verstehen – ich lasse aber hier schon bewusst Lücken in meiner Informationssammlung, damit mir im Gespräch das Nachfragen nicht schwerfällt und mein Gesprächspartner in eigenen Worten und Zahlen sein unternehmerisches Leistungsspektrum erklären kann. Am meisten aber interessiert mich, schon im Vorwege etwas davon herauszubekommen, was den Menschen ausmacht, der mir gegenübersitzen wird. Hobbys? Interessen? Familienstand? Produkte, Dienstleistungen, Kernkompetenzen? Referenzen? Geschäftliche Pleiten, geschäftliche Erfolge? Mit welchen Menschen steht er in Verbindung, welche Gemeinsamkeiten gibt es zu meinem Netzwerk, welche Ergänzungen? Das erscheint Ihnen übertrieben? Sie werden feststellen, dass Ihnen jede einzelne Antwort auf die genannten Punkte die Kontaktaufnahme und die Kommunikation spürbar erleichtert – vorausgesetzt, dass Sie den Kontakt nach Ihrer Recherche immer noch aufnehmen wollen. Denn nicht selten werden Sie feststellen, dass Ihr Gesprächspartner recht eindeutig der Kategorie der Jäger oder Sammler zuzuordnen ist, von der ich Ihnen später noch berichten werde. Dann könnte sich der gemeinsame Termin als wenig hilfreich für Sie erweisen.

Vieles fürs Geschäftliche eigentlich Nebensächliche kann sich für die Kontaktaufnahme als sehr wichtig erweisen. Schon in der Vorbereitung sollten Sie deshalb ein Auge dafür haben, ob Ihr Gesprächspartner Präferenzen für einen bestimmten Sportverein oder ein Musikinstrument hat, ob er auffallend auf Familie und Freunde oder andere Interessen ausgerichtet ist. Dann wird es Sie auch nicht überraschen, wenn Sie sich beim ersten Zusammentreffen erst einmal gemeinsam die Bilder von der Einschulung des ältesten Kindes ansehen oder aber über die Feierlichkeiten zum Gewinn der deutschen Meisterschaft im Fanblock sprechen. Letzteres war übrigens bei meinen ersten beiden Zusammentreffen mit dem Vorstandsvorsitzenden eines internationalen Konzerns der Fall – inklusive selbst gedrehter Videos …

Wenn ich nach einer ersten Überblicksrecherche über gängige Suchmaschinen oder soziale Netzwerke kein aussagekräftiges Bild von meinem Gesprächspartner erhalte, setze ich gezielt Suchbegriffe ein. Handelt es sich um eine Person mit geringer Datenspur, freue ich mich auf das Gespräch wie auf eine Art »Wundertüte« und spreche die schwierige Suche offen an: »Sie haben mir meine Gesprächsvorbereitung ja ganz schön schwer gemacht. Es gibt kaum Informationen über Sie!« Allein das Wort »Vorbereitung« lässt die meisten Menschen aufhorchen und erhöht sichtbar das Gefühl, wertgeschätzt zu werden. Bislang haben mir alle Gesprächspartner die noch fehlenden Informationen bereitwillig gegeben, und mancher weihte mich zudem in seine Geheimnisse ein, die erklären, warum ihm seine Anonymität so wichtig ist und wie er sie bewahrt. Leichter kann ein Gesprächseinstieg kaum gelingen.

Schwieriger ist es, wenn die Recherche kein wirklich konsistentes Bild ergibt. Wenn beispielsweise auf der Unternehmens-Webseite der Gesprächspartner als Gründer und Eigentümer aufgeführt wird, im Handelsregister aber keine entsprechenden Einträge ersichtlich sind. Dann werde ich versuchen, an dieser Unstimmigkeit entlangzurecherchieren. Das führt unweigerlich zu kritischen Fragen, die sich früher oder später in meiner Gesprächsführung niederschlagen, mal offen, mal diplomatisch zurückhaltend.

Mehr als einmal ist es mir beispielsweise passiert, dass Menschen, die in ihrer öffentlichen Darstellung als erfolgreiche Gründer und Unternehmer auftraten, gar nicht geschäftsfähig waren. Mal war es die Insolvenz der Vorgängerfirma, mal ein persönlicher Offenbarungseid, der dazu führte, dass die Person nur noch über Mittelsmänner agierte. Ein Umstand, der sich erst auf den zweiten Blick beziehungsweise im persönlichen Gespräch zeigte. Dies ist kein Grund, um den Menschen im Anschluss einen großen Bogen zu machen. Es ist allerdings wichtig zu wissen, dass eine mögliche geschäftliche Vereinbarung von einem Ihnen unbekannten Dritten unterschrieben werden muss, der juristisch für Ihren Gesprächspartner einsteht.

Das Bild, das man von sich gibt, entsteht selbstverständlich nicht nur aus Datenrecherchen, sondern auch durch den geschäftlichen Auftritt. Wie melden sich Kollegen oder Mitarbeiter am Telefon – die eigenen und die des potenziellen Partners? Welche Stimmung wird vermittelt, welcher professionelle Anspruch? Erhalte ich die direkte Durchwahl, wenn ich jemanden zu erreichen versuche, oder muss ich jedes Mal die Zentrale anrufen? All das

hat unmittelbare Auswirkungen auf den Status! Den eigenen und den des Gesprächspartners.

Und nicht zuletzt gehört dazu das eigene Verhalten. Ich reagiere beispielsweise – wenn möglich – umgehend auf Mails. Auch greife ich häufig direkt nach Erhalt einer Mail zum Telefonhörer, um den Absender anzurufen. Das mag wie ein Widerspruch zu meiner Empfehlung klingen, grundsätzlich auf dem gleichen Kanal zu antworten, auf dem Sie angesprochen werden. Doch manchmal liegt eben genau im Bruch dieser Regel ein positiver Überraschungseffekt, weil sich darin beispielsweise Wertschätzung gegenüber dem Absender und Interesse an dem von ihm angesprochenen Thema ausdrückt.

Auch bietet ein Telefonat den Vorteil, bereits vor einem ersten Treffen einen Sinneseindruck von der betreffenden Person zu bekommen. Im Hinblick auf meine Person geht es mir dabei immer darum, möglichst keine falschen Vorstellungen aufzubauen: Ich bin nicht der gravitätische Business-Club-Chef, der in der großen Villa an der Elbchaussee residiert, sondern Peer-Arne Böttcher, ein Mensch, mit dem man sich jederzeit gut unterhalten kann und der sich auf sein Gegenüber einstellt. Ich bemühe mich, ein Gespräch auf Augenhöhe anzukündigen – auch wenn der Blickkontakt zunächst noch gar nicht möglich ist. Im Übrigen dient ein Telefonat auch der Effizienz: Immer wieder erlebe ich es, dass Verabredungen per E-Mail so schnell wieder vergessen sind, wie sie getroffen werden. Demgegenüber bedeutet ein Zweiminutentelefonat nur unwesentlich mehr Aufwand, ist aber weitaus zuverlässiger.

»Darf ich vorstellen?«

Wenn Sie Menschen einander vorstellen wollen und mit einem der Beteiligten dazu ein vorbereitendes Gespräch führen, wächst Ihnen eine besondere Verantwortung zu. Sie geben erste Informationen zu dem späteren Gesprächspartner, nennen Anlass und Hintergrund für die Kontaktvermittlung, kurz: Sie prägen den Eindruck eines Gesprächspartners, den er vom anderen hat, noch bevor er ihn kennengelernt hat. Ein Beispiel dafür ist eine befreundete Textildesignerin aus Hamburg. Bunt, kreativ, anregend. Für viele potenzielle Gesprächspartner offensichtlich zu bunt, zu kreativ, zu anregend. Hanseatisches Kaufmannstum und Paradiesvogel, das will einfach nicht zusammenpassen. Was sollte es da schon zu besprechen geben? So weit das Klischee. Mit einem einzigen Satz ist es mir immer wieder gelungen, dieses Klischee aufzulösen und der Textildesignerin wertvolle Gespräche im Rahmen von Veranstaltungen zu vermitteln. »Diese Frau kann industrielle Webstühle programmieren«, so meine absolut zutreffende Information zur Einführung ihrer Person.

Der Hinweis genügte vielen, um doch einen Einstieg in ein gemeinsames Gespräch zu finden, er half, Klischeevorstellungen zu überwinden und Neugier zu wecken. Neugier ist ein wichtiger, wenn nicht entscheidender Faktor beim Zustandekommen eines Kontaktes, aus dem sich eine gemeinsame Perspektive, eine geschäftliche Beziehung und womöglich ein gemeinsamer Erfolg entwickeln soll. Sie müssen die Neugier gekitzelt haben, bevor Sie echtes Interesse erzeugen können.

Damit gelingt Ihnen nicht nur die Zusammenführung von Menschen, es wirft auch ein positives Licht auf Ihre eigene Person: Sie kennen spannende Menschen, die auch für andere interessant sind, und Sie sind zudem bereit, diese Kontakte weiterzugeben und mit anderen zu teilen. Wenn Sie bei solchen Gelegenheiten Informationen über einen Nichtanwesenden weitergeben, stellen Sie sich vor, diese Person stünde als Unsichtbarer neben Ihnen. Würde sie sich gut beschrieben fühlen? Würde sie sich in Ihren Worten wiedererkennen? Jeder hat ein Anrecht darauf, dass er offen, aber fair beschrieben wird, so dass keinerlei Veranlassung gegeben ist, zu Vorurteilen oder gar Fehlurteilen zu greifen.

Auch überschwängliches Lob wirkt – zumal wenn der so »Geehrte« anwesend ist – meist irritierend bis unangenehm. Die Latte der Erwartung wird sehr hoch gelegt, und es entsteht eher Distanz denn Neugier. Am wohlsten werden sich die meisten Menschen vermutlich fühlen, wenn sie in aller Freundlichkeit und vielleicht auch mit einem Augenzwinkern mit ihren Stärken und Schwächen vorgestellt werden. Das hilft, den zugespielten Ball und damit das weitere Gespräch direkt aufzunehmen.

Beim anderen Extrem, der Übertreibung ins Negative qua Lüge oder übler Nachrede, kann die Sache mehr als nur unangenehm werden. Denn was tun, wenn Ihnen jemand eine Straftat, eine Vorstrafe, eine Pleite anhängt? Die wahre Geschichte erzählen? Die in die Welt gesetzten Gerüchte einfach laufen lassen, sie ignorieren? Den Verleumder verklagen? Nichts davon scheint eine wirklich befriedigende Lösung zu bieten, auch die Tatsache, völlig unverschuldet in solch eine Situation gekommen zu sein, ist letztlich keine Hilfe.

Also kein Ausweg aus dem Dilemma? Doch. In einem persönlich schwierigen Fall habe ich gute Erfahrungen mit einem sogenannten »negativen Feststellungsverfahren« gemacht. Dabei zieht man vor Gericht, um zu beweisen, dass die Verleumdung, mit der man es zu tun hat, nicht stimmt. Wenn der Beweis gelingt, verpflichtet der Richter Ihren Kontrahenten, diese Behauptung nicht mehr zu wiederholen.

Wie würden Sie selbst sich einem Unbekannten in einer SMS beschreiben? (Bitte maximal 160 Zeichen!)

Haben Sie schon einmal einen Menschen kennengelernt, vom dem Sie zuvor eine ganz andere Vorstellung hatten? Woran lag das?

Haben Sie sich schon einmal selbst wie einen fremden Dritten recherchiert?

Was glauben Sie: Welchen nullten Eindruck machen Sie auf einen Dritten?

Dritter Baustein: Weder Jäger noch Sammler, sondern Förster

Sie erfahren, warum und wie Sie jede einzelne Beziehung sowie Ihr gesamtes Netzwerk hegen und pflegen sollten.

Ursprünglich stammt der Begriff der Nachhaltigkeit aus der Forstwirtschaft. Über das vor 300 Jahren erschienene erste forstwirtschaftliche Gesamtwerk *Sylvicultura Oeconomica* des sächsischen Oberberghauptmanns Hans Carl von Carlowitz fand er erstmals Verbreitung. Carlowitz forderte darin eine »continuierliche beständige und nachhaltende Nutzung« der Wälder und meinte damit, dass nicht mehr Holz geschlagen werde, als wieder nachwachsen kann für die kommende Generation; dass man den Wald als Gesamtsystem begreife und nicht nur als Ansammlung einzelner Bäume. Eine Sichtweise und ein Ansinnen, das für seine Zeit geradezu revolutionär war. Was will ich damit sagen? Auch Sie sollten Ihre Kontakte hegen und pflegen wie ein Förster den Wald, sie als wertvolles Beziehungsnetz behandeln, das als Ganzes zu sehen und zu managen ist. Mit dieser Sichtweise kommen Sie womöglich für sich und Ihr Netzwerk zu ungeahnten Ergebnissen.

Ich wollte als Kind stets Forstmeister werden wie mein Großvater. Ich fand es großartig, mit ihm durch den Wald zu gehen und seinen Erklärungen und Geschichten zuzuhören. Wenn ich vor lauter Bäumen den Wald nicht mehr sah, behielt er immer den Überblick. Selbst sein Gewehr, das alle Förster bei sich führen (und das mich als kleinen Jungen natürlich mächtig beeindruckte), benutzte er nur zur Hege des Wildbestands. Denn die eigentliche Aufgabe des Försters ist nicht die Jagd, in seiner Verantwortung liegt die Pflege des Waldes, des ihm anvertrauten Forsts als Lebensraum für Tiere und Pflanzen. Er hat, wenn man so will, eine Mission, die sehr langfristig angelegt ist und an der sich sein gesamtes Handeln orientiert.

Eine ebenfalls nachhaltig angelegte Pflege der persönlichen und vor allem beruflichen Beziehungen scheint mir die einzig dauerhaft funktionierende Methode, ein Netzwerk aufzubauen, zu erweitern und zu erhalten. Meine Beziehung zu anderen Menschen, mein Netzwerk also, ist mein entscheidendes Werkzeug, um Informationen zu erhalten, zu überprüfen oder auch weiterzugeben. Jede einzelne Person meines Netzwerks ist Informationsträger – als solcher gleichermaßen Individuum (Baum) wie Teil des Netzwerks (Wald). Und jede einzelne Person pflegt eine je eigene Art der Informationsweitergabe, abhängig von ihrem Wissensstand, Charakter und ihren Zielsetzungen. Um diese »persön-

liche Note« für den Umgang mit den erhaltenen Informationen überhaupt einkalkulieren zu können, ist es so wichtig, über die Mitglieder des Netzwerks möglichst viel zu wissen, sie gut einschätzen zu können.

Die Frage der nachhaltigen Nutzung eines Netzwerkes stellte sich mir erstmals, als mich das Magazin *Wirtschaftswoche* vor vielen Jahren als »den bestvernetzten Jung-Unternehmer in Hamburg« bezeichnete. Ich empfand das als journalistische Übertreibung. Zwar hatte ich mehrere tausend Kontakte in meinem Adressbuch – aber was sagte das über die Qualität meiner Beziehung zu diesen Menschen aus? Ich war zu diesem Zeitpunkt erst wenige Jahre unternehmerisch tätig und hatte daher noch nicht wirklich erproben können, wie hoch die Qualität dieser Kontakte für mich war. Für mich wurde dieses Ranking zu einem Schlüsselmoment. Mir wurde klar, dass es nicht die Quantität ist, die interessiert. Es ist die Qualität der Kontakte, die entscheidet. Seitdem begegne ich Menschen, die sich selber einer Vielzahl guter Kontakte rühmen oder aber dafür von anderen gerühmt werden, stets mit einer gewissen Skepsis. Denn erst wenn man sein Netzwerk wie ein Förster zu »bewirtschaften« beginnt, wird man feststellen können, wie gut man vernetzt ist. Davon haben mir viele Menschen berichtet, denen es persönlich oder geschäftlich schlecht ging. Jene, die sich ein qualitativ hochwertiges Netzwerk aufgebaut hatten, erfuhren in solchen Situationen schnell und unkompliziert Unterstützung.

Beziehungsjagd

Im Unterschied zu Förstern haben Jäger zu ihren Objekten ein deutlich instrumentelleres Verhältnis. Sie haben es auf die Trophäe abgesehen, den Abschuss. Sie haben ein Ziel und gehen direkt darauf zu nach dem Motto: Wenn du einen Hirsch erlegen willst, schieß ihn ab. Das ist grundsätzlich weder verkehrt noch verboten (wobei für die Jagd auf Tiere ein ziemlich kompliziertes Jagdrecht gilt). Dem Jäger geht es nicht um die Nachhaltigkeit seines Tuns, immer und überall steht sein kurzfristig wirkendes Interesse im Vordergrund. Wenn eine Insel in der Südsee, der Karibik oder dem Indischen Ozean erstmals von Menschen besiedelt wurde, dauerte es in der Regel nur wenige Jahrzehnte, bis die jeweils größten dort heimischen Landsäugetiere oder Vögel ausgerottet waren. Natürlich wäre es für die neu hinzugekommenen Inselbewohner besser gewesen, ihren Lebensraum mit diesen Tieren zu teilen, sie vielleicht sogar zu domestizieren, um eine dauerhafte Proteinquelle für ihren Speiseplan zu haben. Aber sie waren eben auf ihren kurzfristigen Profit orientierte Jäger.

Übertragen auf das Beziehungsnetzwerk steht der Jäger für denjenigen, der etwas verkaufen möchte. Und *nur* das. Dementsprechend nimmt diese Person auch gern eine einseitige Bewertung der Information vor, die ihn erreicht: Wer einen Hammer in der Hand hält, dem ist die ganze Welt voller Nägel, und wer nur etwas verkaufen will, dem ist jeder Mensch, den er trifft, nur ein potenzieller Kunde. Ich habe Menschen auf Veranstaltungen erlebt, die mit bemerkenswerter Akribie von Gast zu Gast gehen, um einen mehr oder weniger dezenten Blick auf die Namensschilder zu werfen – sofern dort neben dem Namen auch das dazugehörige Unternehmen oder die Funktion der betreffenden Person vermerkt war. Aus einem reichhaltigen Informationsfluss stürzen sich diese Menschen auf ein kleines Segment und wenden sich sofort ab, wenn sie nicht unmittelbar »bedient« werden. Ich selber habe solches Verhalten vielfach erlebt, und obwohl man es auch als ehrverletzend betrachten könnte, eher als lächerlich empfunden. Noch heute stellt sich ein Gefühl von Fremdschämen ein, wenn ich derartiges Verhalten auf Veranstaltungen beobachte.

Natürlich schadet sich dieser Jägertyp mit seinen Verhaltensweisen in erster Linie selbst, schließlich kann ein Netzwerk noch weit mehr bieten, als nur diesen einen Umsatz zu bringen. Ein erfahrener Förstertyp würde das sofort sehen und verstehen: Schließlich verantwortet und pflegt er kein ordinäres Fleischdepot, sondern einen stattlichen Forst, heißt: Er weiß, dass sein Netzwerk mehr ist als nur ein tristes Sammelbecken kurzfristig verwertbarer Kontakte.

Weit gravierender, weil das ganze Beziehungsnetzwerk schädigend, sind die Folgen, wenn solch ein Beziehungsjäger nur des Schießens wegen auf Beutefang geht und unkontrolliert um sich ballert. Es ist nicht auszuschließen, dass er sogar den einen oder anderen Zufallstreffer landet, der größte Teil der anvisierten »Beute« wird aber längst von der Bildfläche verschwunden sein – und nicht wieder auftauchen, solange auch nur die leiseste Gefahr besteht, in seine Fänge zu geraten.

Einmal hatte ich die lokale Spitze eines international operierenden und sehr erfolgreichen Netzwerkverbundes als Gast zu einer meiner Veranstaltungen gebeten. Ich war gespannt auf diese Begegnung, da mich ihre Vorgehensweise und der persönliche Austausch sehr interessierten. Umso erstaunter war ich zu sehen, wie es dieser Gast binnen einer Stunde schaffte, praktisch alle anderen Gäste gegen sich aufzubringen. Sie fragte unentwegt nach Visitenkarten, ja forderte diese penetrant ein. Ihr Interesse galt dabei ganz offensichtlich nicht dem persönlichen Gespräch, sondern nur dem Erbeuten von Kontaktdaten. Ein Auftritt, der noch das Mindestmaß an Benehmen vermissen ließ. Diese Person ist bislang die einzige, der ich Hausverbot erteilt habe.

Leute, die nur als Verkäufer unterwegs sind, will ich in meinem Netzwerk nicht haben. Das ist nicht nur eine Frage von Sympathie oder Anstand, sondern schlicht Schutz aus Eigeninteresse. Es gilt die Faustregel: Ein guter Kontakt im Netzwerk bringt zehn andere gute hinzu. Ein schlechter Kontakt hingegen vertreibt zehn gute. Denn wer will nur aus unverhohlenem Eigennutz angesprochen und regelrecht gejagt werden? Die einen reagieren verärgert und vertreiben den unangenehmen Gast, andere bleiben zunächst gelassen, suchen aber bei nächster Gelegenheit diplomatisch das Weite.

Und: Wenn Sie derjenige sein sollten, der diesen Kontakt gegenüber Ihren Gästen zu verantworten hat, müssen Sie über einen sehr, sehr hohen Kontostand in jeder Beziehung verfügen, um solch ein »Erlebnis« unbeschadet zu überstehen. Sie sollten sich einen derartigen Fehlgriff möglichst nicht ein zweites Mal leisten.

Wer hat die meisten?

Vielleicht nicht ganz so unangenehm und schwierig wie die Jäger unter den Netzwerkern sind die, die ich als Sammler bezeichnen möchte. Leute also, die Kontakte nur sammeln, sich für die Menschen und deren Informationen jedoch nicht zu interessieren scheinen. Insbesondere im Internet tummeln sich viele Menschen, die durch ihre Sammelwut die Zahl ihrer Kontakte in den digitalen Netzwerken hochtreiben und darüber ihren sichtbaren Status verbessern wollen. Meist lautet die Anfrage ganz lapidar: »Ich würde Sie gerne zu meinen Kontakten hinzufügen.« Auf die Frage »Warum?« gibt es dann allerdings nur selten eine Antwort.

Um diese drei Typen in einem Bild zu fassen: Der Sammler schaut dem Gras beim Wachsen zu. Der Jäger reißt es heraus. Der Förster düngt und pflegt es. Der Förster ist der Einzige, der die afrikanische Weisheit kennt: »Gras wächst nicht schneller, wenn man daran zieht.« Daher reißt er nicht jeden Baum heraus, sobald er ein wenig Geld für Holz einbringt. Er wird viele Bäume so lange wachsen lassen, bis sie richtig Geld bringen. Förster hinterlassen also ein angenehmes Gefühl, Jäger auf der Gegenseite ein eher unangenehmes, Sammler eher gar keins.

Die Geschlechterverteilung ist dabei übrigens nicht wie in der Menschheitsgeschichte üblich. In den meisten Kulturen und zu den meisten Zeiten hatten die Männer unter den Jägern das Übergewicht, die Frauen hingegen unter den Sammlern. Im Beziehungsnetzwerk hingegen ist von einer solchen Spaltung wenig zu sehen. Dort sind diese Typen recht gleichmäßig unter den Geschlechtern verteilt.

Sammler sind die stillen Geister im Netzwerk: nicht sonderlich kommunikativ und nicht sonderlich erfolgreich. Es gibt keinen unmittelbaren Grund, sie aus dem Netzwerk herauszulösen, allerdings einen guten Grund, sie unter Beobachtung zu halten. Denn des Öfteren geschieht es, dass aus dem Sammler ein Jäger wird und er seinen Fang (Visitenkarten) mit der Schrotflinte (Werbemails) beschießt.

»Die schärfsten Kritiker der Elche waren früher selber welche«, schrieb einst der geniale Robert Gernhardt. Und, zugegeben, auch ich hatte meine Jäger-Phase – allerdings, dies kann ich zu meiner Entlastung anführen, machte ich sie im jugendlichen Alter von 16 Jahren durch. Damals hatte ich mir vorgenommen, die Spitzen aus Kultur, Politik und Wirtschaft aufzutreiben, um mir von ihnen einen Leuchtturm für die bereits erwähnte Schülerzeitung zeichnen zu lassen. Würde ich heute auf jemanden treffen, der sich so benimmt wie der Schüler Peer-Arne Böttcher, so gäbe ich ihm dieses Buch zu lesen.

Mit einer Mischung aus Beharrlichkeit und Begeisterungsfähigkeit schaffte ich es damals, viele schöne Zeichnungen zu bekommen. Über 300 waren es am Ende. Vom Boss der Gewerkschaften, dem der Arbeitgeber und dem der Industrie, von den Chefredakteuren von *Spiegel* und *Focus* und von fast dem gesamten Regierungskabinett. Die damalige Umweltministerin Angela Merkel zeichnete einen Buntstift-Leuchtturm, Frauenministerin Claudia Nolte ein Aquarell. Udo Lindenberg bewies sein künstlerisches Talent, und auch die Bilder der Unternehmerin Beate Uhse, des Fußballnationalspielers Stefan Effenberg oder des Boxweltmeisters Henry Maske sorgten für hohe öffentliche Aufmerksamkeit.

Aber bei einem der besten Netzwerker, die es in Deutschland je gab, stieß ich damals auf Granit: bei Helmut Kohl. Ich richtete gleich mehrere Anschreiben an ihn, doch führte das nur dazu, dass ich die Besetzung seines Vorzimmers und die Art der Absageschreiben kennenlernte. Zu ihm persönlich drang ich nicht durch. Bis ich eines Tages als Journalist von der Verleihung des silbernen Lorbeerblatts berichtete. Diese höchste deutsche Sportauszeichnung wird im Rahmen einer kleinen Feier an die deutschen Medaillengewinner bei den Olympischen Spielen durch den Bundespräsidenten vergeben. Ebenfalls anwesend war der ewige Bundeskanzler meiner Kindheit und Jugend, Helmut Kohl.

Die Szene: Bundespräsident Roman Herzog und Bundeskanzler Helmut Kohl schreiten, begleitet von ihrer Entourage und Medienvertretern, durch den Saal. Ich drängle mich durch und bringe meine Bitte nach einer Zeichnung für meine Schülerzeitung *Loichtturm* vor. Der Zug stoppt. Roman Herzog schaut mich an. »Von Ihnen habe ich schon gehört, junger Mann. Sie haben mir ja schon ganz schön viele Briefe geschrieben. Und mein Vorzimmer hat den letzten Absagebrief sogar in Leuchtturm-Form gesetzt! Na, dann reichen Sie mal Ihr Papier her, jetzt haben Sie mich.« Unter wachsender Aufmerksamkeit der Umstehenden bringt er seine Zeichnung aufs Blatt. Dann fordert er Helmut Kohl auf, ebenfalls zu zeichnen. Doch der schaut verärgert und will weiter. »Der hat mich auch schon angeschrieben. Aber so einen Quatsch mach ich nicht mit« blieb sein einziger Kommentar.

Die Mischung macht's!

Wollen Sie zu einem schonenden und doch nutzbringenden, also nachhaltigen Umgang mit dem eigenen Netzwerk kommen, sollten Sie den Jagdinstinkt besser an der Garderobe abgeben und stattdessen die Försteruniform anziehen. Jeder Förster weiß: Ein schöner und stabiler Wald ist immer ein Mischwald. Und so sollten Sie es auch mit Ihren Beziehungen halten und Ihr Netzwerk aus einer bunten Mischung aus Partnern, Kunden, Lieferanten und Multiplikatoren aufbauen. Jede dieser vier Gruppen hat für Sie eine ausgesprochen wichtige Funktion im bilateralen Verhältnis, spielt aber auch eine tragende Rolle für den Erfolg Ihres Netzwerks als Ganzes.

Sie wollen ins Ausland expandieren oder sich neue Geschäftsfelder erschließen? Sie werden dafür starke und kompetente *Partner* benötigen. Menschen, die mit Ihnen Erfahrungen teilen, die Sie mit Rat und Tat unterstützen, deren guter Name Ihnen Türen öffnet und Wege ebnet. Partner sind Menschen, die an Ihrer Seite stehen und sich auf Augenhöhe mit Ihnen befinden. Durch sie gewinnen Sie an Wissen, Erfahrung – und natürlich an Kontakten. Partner sind daher die Menschen, die häufig überhaupt erst Ihr Geschäft beziehungsweise dessen Expansion möglich machen. Daher sollten Sie sie in Ihrem Beziehungsmanagement auch an die erste Stelle setzen.

Die zweite Gruppe in Ihrem Businessnetzwerk sind Ihre *Kunden*: Wer Sie für Ihre Leistungen oder Produkte bezahlt, ist Ihr Kunde. Dieses Verhältnis verdient eine besondere Berücksichtigung. Da es mir vor allem darum geht, Ihnen aufzuzeigen, wie Sie mit neuen Kontakten umgehen, möchte ich auf dieses Segment Ihres Netzwerks nicht weiter eingehen. Einige sehr grundsätzliche und wertvolle Impulse zum richtigen Umgang mit Ihren Kunden erhalten Sie in dem Buch *Die Kunst, seine Kunden zu lieben* von Stefan Merath.

Kommen wir zur dritten Gruppe in Ihrem Netzwerk, denn neben denen, die Sie bezahlen, gibt es die, die von Ihnen bezahlt werden: Ihre *Lieferanten*. Die Bedeutung der Lieferantenseite für Netzwerke wird leider dramatisch unterschätzt. Immer noch gilt im Geschäftsleben, dass derjenige, der etwas kaufen will, höhergestellt ist als derjenige, der etwas verkaufen will.

Diese nicht immer sichtbare, aber spürbare Hierarchie gilt es zu überwinden, um Gespräche zu ermöglichen, die Neues hervorbringen. Im Business Club Hamburg haben wir dafür unter anderem das Veranstaltungsformat des »Business Matching« ins Leben gerufen: Die Teilnehmer treffen sich, um einander kennenzulernen und dabei zu eruieren, ob sie Anknüpfungspunkte für gemeinsame Geschäfte haben.

Es ist der einzige Abend, an dem Sie als Mitglied ein Namensschild erhalten. Das dient dazu, einzelne Teilnehmer des Matchings schneller auffinden zu können, denn Sie erhalten von uns an diesem Abend eine Teilnehmerliste. Die steht zwar jederzeit für jede unserer Veranstaltungen online zur Verfügung. Aber beim Business Matching hat unser Mitgliedermanagement diese Liste aus Ihrem Blickwinkel individualisiert. Wer ist für Sie als Multiplikator oder Partner interessant? Wer als Kunde oder Lieferant? Die entsprechenden Personen markieren wir Ihnen. Das sind dann die Menschen, mit denen Sie auf jeden Fall ein Gespräch initiiert haben sollten, bevor Sie das Haus wieder verlassen. Erfahrungsgemäß ist es übrigens so, dass rund 20 Prozent der Teilnehmer für Sie interessant sind. Und es ist stets so, dass das Business Matching für uns selber als Clubmanagement *der* Höhepunkt im Programm ist. Die Reaktionen der Mitglieder bezeugen eindeutig den Nutzen und Mehrwert der Gespräche, die an diesem Abend initiiert werden. Und das sind in Summe mehrere hundert!

Zurück zu den vier Gruppen in Ihrem Netzwerk. Neben den Partnern, Kunden und Lieferanten sollte schließlich auch die Gruppe der *Multiplikatoren* nicht fehlen. Multiplikatoren sind die Informations-Hubs des Netzwerks, die Superviren. Spreader. Transmissionsriemen. Bemerkenswerterweise handelt es sich dabei häufig um Menschen, die aus unterschiedlichen Gründen niemals Ihr Kunde werden können, beispielsweise weil sie als Politiker, Geschäftsführer einer öffentlichen Institution oder Vorsitzender eines Vereins nicht zu Ihrer Kundenzielgruppe gehören.

Aber durch ihre starke eigene Vernetzung werden sie zu einem wichtigen Knotenpunkt in Ihrem Beziehungsgeflecht. Sie sind es, die Sie als Erste adressieren sollten, wenn Sie möchten, dass sich Ihre Neuigkeiten möglichst schnell und weit verbreiten. Sie sind es, bei denen Sie um Unterstützung bitten können, wenn Sie einen Kontakt benötigen, den Sie selber nicht haben.

Letztlich ist natürlich jeder Mensch ein Multiplikator – und ein sehr guter, wenn es Ihnen gelingt, Ihre Botschaft so zu formulieren, dass er diese an seine Kontakte, sein Netzwerk aus Kunden und Lieferanten, Multiplikatoren und Partnern weitergibt. Diese Form der Kommunikation ist ausgesprochen wirkungsvoll. Sie können darüber Ihren Bekanntheitsgrad erhöhen, sich ein Image aufbauen und verfestigen. Vor allem aber können Sie Vertrauen und Glaubwürdigkeit aufbauen, so dass Gerüchte und Verleumdungen auf weniger fruchtbaren Boden fallen.

Wie viele Mitarbeiter er in seiner Pressestelle habe, fragte ich einmal den Leiter Unternehmenskommunikation eines deutschen Verlags: 11 400 antwortete er grinsend. In einem Verlag glaube schließlich jeder Mitarbeiter, dass er oder sie der geborene Multiplikator sei. Seine Hauptaufgabe in der Unternehmenskommunikation seien daher weniger die externen Kontakte als vielmehr die eigenen Kollegen, damit diese möglichst in seinem Sinne kommunizierten.

Journalisten sind hauptberufliche Multiplikatoren. Aber nicht alle Multiplikatoren sind auch Journalisten; es können beispielsweise auch Menschen sein, deren Wort nur in einer bestimmten Personengruppe Gewicht hat. Journalisten haben durch die Reichweite ihres Mediums einen zum Teil gewaltigen Hebel. Wohingegen derjenige von Multiplikatoren zahlenmäßig ausgesprochen klein sein aber durch seine Qualität die Welt aus den Angeln heben kann – oder zumindest jenen kleinen Winkel der Welt, in dem Sie sich befinden.

Wie Sie Ihr Netzwerk für sich nutzen können

Der Wert Ihres Netzwerks besteht nicht darin, es als solches zu kapitalisieren. Beziehungsnetzwerke lassen sich nicht übertragen, nicht verkaufen und auch nicht an die Börse bringen. Man kann an ihnen nur mit den Produkten und Leistungen verdienen, die man selbst einbringt.

Ich möchte Ihnen das gerne an einem Beispiel erklären. Nehmen Sie den vielleicht unwahrscheinlichen Fall, Sie wollen etwas von der Bundeskanzlerin – ganz persönlich. Eine Mail an info@bundeskanzlerin.de können Sie zwar schreiben, aber ziemlich sicher wird die direkte Antwort auf Ihre Anfrage abschlägig ausfallen – ohne dass Sie jemals die Bundeskanzlerin erreicht hätten.

Also versuchen Sie besser erst einmal über Ihr Netzwerk einen Weg zur Kontaktaufnahme zu finden. Überlegen Sie sich, wen im Umfeld der Kanzlerin, sei es im Amt, in der Partei oder privat, Sie kennen. Sollte es niemanden geben, überlegen Sie, wer Ihnen jemanden vorstellen kann, der jemanden kennt, der jemanden kennt, der die Bundeskanzlerin regelmäßig spricht. Die Hauptstadt wimmelt ja geradezu von Menschen, die den ganzen Tag nichts anderes tun, als Wege zu bahnen, Kanäle zu öffnen, Netze zu flechten. Einer von ihnen könnte vielleicht einen Weg finden, Ihr Anliegen im direkten Umfeld der Bundeskanzlerin zu platzieren – und mit jedem von ihnen sind Sie über maximal sechs Ecken beziehungsweise Zwischenstationen verbunden. Sagt zumindest das Kleine-Welt-Phänomen, dem der US-Psychologe Stanley Milgram 1967 nachging. Er schickte eine Postsendung an mehrere hundert zufällig ausgewählte Personen in Nebraska und gab ihnen die Anweisung, die Sendung einem bestimmten Börsenmakler in Boston zukommen zu lassen. Dies allerdings nur dann auf direktem Wege, wenn sie diesen Broker persönlich kannten (mit Vornamen ansprachen). War diese Voraussetzung nicht gegeben, mussten sie das Paket an eine Person, die sie kannten (mit Vornamen ansprachen), schicken, von der sie annahmen, dass sie mit dem Börsenmakler bekannt war. Etwa ein Drittel der Briefe kam nach durchschnittlich sechs Stationen bei dem Empfänger an. (Wenn Sie in der gleichen Branche oder im gleichen sozialen Netzwerk sind, ist die Zahl der Zwischenschritte sogar noch niedriger.) Das Erstaunliche daran war, dass ein Großteil der Briefe durch die Hände von drei bestimmten Menschen ging. Sie waren für diese Aufgabe ganz offensichtlich die wesentlichen Knotenpunkte im Netzwerk.

Wenn Ihnen Ihr Netzwerk den Zugang zur deutschen Politikspitze verschafft, hat es für Sie offensichtlich einen Wert. Aber: Den Zugang zur Bundeskanzlerin gibt es nicht umsonst. Was ist also mit denen, die Sie unterstützt haben? Wo liegt für sie der Nutzen ihres Einsatzes? Denn das Prinzip eines Netzwerkes ist, dass jedes Glied in der Kommunikationskette, über die Sie zu Ihrem Ziel »Bundeskanzlerin« kommen, etwas von seiner Funktion haben muss.

Denn wenn Sie der Einzige in der gesamten Kette wären, der aus dieser neuen Verbindung einen Vorteil zieht, würde das den Wert Ihres Netzwerkes für Sie entsprechend verringern – weil Sie faktisch einen Gefallen eingefordert haben, den Sie aus irgendeinem Grund »guthatten«. Doch ein Netzwerk fordert per definitionem, dass alle, die an der Herstellung oder Verstärkung von Verbindungen beteiligt sind, davon auch selbst profitieren. Die Mittelsperson muss nicht nur das Gefühl haben, durch die Herstellung einer neuen Verbindung das eigene Netz zu verbessern. Es muss vielmehr ein konkreter Nutzen und Mehrwert für sie bestehen. Das bedeutet zwangsläufig, dass es mit der neuen Verbindung eine gemeinsame Ebene geben muss. Wer in der Kreisliga spielt, kann nicht so einfach mit der Champions League zusammenkommen. Aber das sollte letztlich niemanden daran hindern, an sein Anliegen zu glauben und dieses entsprechend selbstbewusst zu vertreten.

Ein Wort zum Thema Veranstaltungen

Abschließend erlauben Sie mir eine Einlassung zum Thema Veranstaltungen. Denn neben den genannten vier Gruppen der Partner, Kunden, Lieferanten und Multiplikatoren gibt es natürlich viele Menschen, mit denen Sie noch kein Geschäft verbindet, die aber über kurz oder lang zu Kunden werden könnten. Wenn Sie diese Gruppe nicht Person für Person einzeln ansprechen wollen oder können, sind Veranstaltungen ein geeignetes Mittel. Aber bitte machen Sie dabei nicht den Fehler, in bester Jäger-Manier nur die potenzielle Kundschaft zusammenzutrommeln und vorab eine Art Abschussliste zu erstellen, auf der alles versammelt ist, was für einen Auftrag in Frage kommt. So etwas kann schnell eine teure Fehlinvestition werden. Wie die Veranstaltung zur Präsentation eines neuen Autos, die ich kürzlich erlebte. Eingeladen waren mehrere hundert Geschäftsleute in eine aufwendig hergerichtete Messehalle. Alles war sichtbar teuer: Catering, Fahrzeugpräsentation, Showact. Den Ablauf dürfen Sie sich wie folgt vorstellen: Eintreffen der Gäste. Begrüßungsdrink. Individuelle Besichtigung der ausgestellten Autos. Etwa einstündige Präsentation des Autos. Alsdann Fingerfood und anschließend Livemusik einer aus dem Fernsehen bekannten Künstlerin. Klingt gut? Das Ergebnis dieser Konzeption war Folgendes: Über die Hälfte der Gäste war mit Beginn des Showacts nach eiliger Befriedigung des Hungergefühls verschwunden. Die andere Hälfte versuchte, sich miteinander zu unterhalten – trotz der lauten Musik.

Kurz darauf erlebte ich das Gegenbeispiel zu teuer und wirkungslos: Ich war Gast einer Veranstaltung, zu der eine Geschäftsbank ihre Kunden aus dem Bereich Medien und Telekommunikation eingeladen hatte. Jeder Kunde durfte einen eigenen Kunden als Gast mitbringen. Eingeladen wurde ins Hard Rock Cafe. Die rund 200 Teilnehmer wurden am Empfang in zehn Gruppen eingeteilt. Die Begrüßung fiel kurz aus: Es wurde erklärt, dass wir uns in Gruppen zusammenfinden und den Abend über unterschiedliche Aufgaben lösen sollten. Es galt, berühmte Gitarrenriffs zu erkennen, Mobilfunkgeräte des Herstellers Nokia in die Reihenfolge ihrer Entstehung zu bringen oder alle James-Bond-Filme zu benennen, die in einem »Best-of« zuammengeschnitten worden waren. Während der gesamten Zeit gab es Getränke und Essen. Dann Siegerehrung und Liveband. Die Gäste, darunter viele namhafte Unternehmer und Vorstände großer Firmen, waren begeistert und blieben bis in die frühen Morgenstunden.

Der wesentliche Unterschied zwischen diesen beiden Veranstaltungen: Einmal stand der Gastgeber, einmal der Gast im Mittelpunkt. In dem einen Fall waren Gespräche kaum möglich, in dem anderen wurden sie bewusst gefördert. Der Autohersteller hatte über seine Handelspartner potenzielle Kunden eingeladen, die Bank lud einfach ihre besten Kunden aus einem speziellen Segment ein und ließ diese eigene Gäste und damit potenzielle Neukunden mitbringen. Das eine ist die Vorgehensweise des Jägers, das andere die des Försters. Was scheint Ihnen sympathischer und erfolgversprechender zu sein?

Wenn Sie eine Veranstaltung zur Gewinnung neuer Kunden durchführen wollen, machen Sie es wie die Bank oder laden Sie Ihre vorhandenen Kunden zumindest mit ein. Diese sollten die besten Fürsprecher sein, die Sie sich wünschen können. Und denken Sie daran, auch viele andere Kontakte aus Ihrem Netzwerk auf den Einladungsverteiler zu setzen. Das gilt auch dann, wenn diese Menschen heute vielleicht noch gar nicht Ihre Kunden sein können. Die Gästemischung macht's!

Bei welcher Geldsumme hört für Sie die Freundschaft auf?

Bei welchen Anlässen lernen Sie Menschen kennen? Und bei welchen Anlässen lernen Sie Menschen schätzen?

Wie groß ist Ihr Netzwerk, und wie teilt es sich auf (Kunden, Lieferanten, Multiplikatoren, Partner)?

Wie schätzen Sie sich selber ein: als Jäger, als Sammler oder als Förster?

Welche Kompetenzen, Produkte, Dienstleistungen sind in Ihrem Netzwerk schwerpunktmäßig vorhanden? Und welche fehlen?

Vierter Baustein: Digital hilft, analog entscheidet

Sie erfahren, wie Sie über den Bildschirm hinaus handeln.

»Entscheidend ist auf'm Platz« war eine der Lieblingsredensarten des großen Fußballlehrers Otto Rehhagel. Für ihn spielte es keine Rolle, was die Statistiker über die bisherigen Duelle der antretenden Mannschaften herausgefunden hatten, welche Transferwerte oder Gehaltsklassen oder Tabellen- oder Ranglistenplätze da aufeinandertrafen: Entscheidend ist auf'm Platz. Egal, ob die Zuschauer pfeifen oder jubeln, ob die Hintertor- oder Überballkamera ein Foul, ein Abseits, ein Handspiel beweist oder widerlegt: Entscheidend ist auf'm Platz. Aus einer spielerisch allenfalls mittelmäßig begabten griechischen Nationalmannschaft formte er das Europameisterteam von 2004. Die Spiele, die diese Mannschaft bot, waren nicht schön, aber effektiv und das Beste, was sie auf dem Platz leisten konnte.

Inzwischen ist Otto Rehhagel in Rente gegangen, und sein Credo lässt sich in Anpassung an heutige Verhältnisse vielleicht abwandeln in: »Entscheidend ist in der Cloud.« So sehr hat das Virtuelle, also das Nichtkörperliche, die Oberhand gewonnen. »Symbolanalytiker« nannte der US-Ökonom Robert Reich schon 1997 jene Arbeitskräfte, die eigentlich nur noch jenseits des Stofflichen tätig sind. Unter anderem zählte er dabei auf: Forschungswissenschaftler, Design-, Software- und Bauingenieure, Biotechnologen, PR-Manager, Investmentbanker, Anwälte, Berater und Planer jeglicher Art, Werbemanager und Marketingstrategen. Uff. Und dabei war damals das Internet noch kaum erfunden.

Jetzt ist es nicht nur da, sondern praktisch überall. Es bietet jenen Menschen, die früher von Haustür zu Haustür gezogen sind, neue Kommunikations- und Vertriebswege. Es sorgt für eine Verschiebung der individuellen Wahrnehmung: »Pic or it didn't happen«, heißt es in den sozialen Medien, wenn jemand eine Geschichte erzählt – als eine Art reale Rückversicherung; so als ob es keine Photoshop-Manipulationen gäbe. Das, was vor kurzem noch als das eigentliche Leben galt, blitzt im Online-Dialog noch manchmal als »RL« auf: Real Life. Schließlich sorgt es auch für eine Verschiebung der medialen und gesellschaftlichen Aufmerksamkeit, von der seit Jahren ein guter Teil den erwachsen gewordenen Start-ups und ihren jungen Nachfolgern gilt. Wenn die digitale Wirtschaft so bemerkenswerte Geschichten schreibt und dabei die »alte Welt« erfolgreich aus den Angeln hebt, dann muss das Digitale dem Analogen doch überlegen sein, oder?

Im Rausch des Algorithmus?

Im Einzelhandel wird seit dem Start von Amazon und Ebay im Jahr 1995 ein Segment nach dem anderen von den Digitalen attackiert und übernommen. Nur bei einem Segment ist es den ganzen digitalen Start-ups nicht gelungen, dem Analogen den Rang abzulaufen: dem Lebensmittelhandel. Da gab und gibt es jede Menge Neugründungen oder Online-Töchter der etablierten Handelskonzerne; und es gibt eine Menge Menschen, die gerne und immer mehr online einkaufen. Aber eben keine Lebensmittel: Nicht einmal ein Prozent des Gesamtumsatzes im Lebensmitteleinzelhandel wird online abgewickelt. Ein von unbeugsamen Einzelhändlern bevölkertes Segment hört nicht auf, dem Eindringling Widerstand zu leisten. Und erfolgreich: Die Leute kaufen Kleidung, Schmuck, Spielzeug, Reisen, Aktien, Bücher, Filme im Internet – aber keine Tomaten.

Warum nicht? Es mag da eine ganze Reihe von Gründen geben, die so nüchterne Namen haben wie Frischelogistik oder Kühlkette, aber es gibt vor allem einen Grund, sozusagen den Zaubertrank der Branche: Menschen wollen ihre Tomaten selbst sehen, riechen, anfassen, bevor sie sie kaufen. Weil es ein Naturprodukt ist, weil keine Tomate genau wie die andere ist. Dosentomaten, als Industrieprodukt, mögen ja eines Tages vorwiegend online gekauft werden – aber frische Strauchtomaten nicht.

Menschen sind zwar keine Tomaten, aber sie sind doch mehr Naturprodukt als Maschine. Sie sind eben nicht standardisiert, hundertprozentig berechenbar, sondern individuelle Wesen.

Natürlich sollten wir dem Digitalen geben, was des Digitalen ist. So ist es klar überlegen bei der Informationsgewinnung und partiell bei der Kommunikationsanbahnung. Wenn Sie zum Beispiel eine spezielle Beratungsdienstleistung einkaufen wollen, bietet Ihnen das Internet beste Möglichkeiten, nach entsprechenden Anbietern zu recherchieren. Haben Sie ein für Sie als passend erscheinendes Profil einer Firma oder eines Menschen gefunden, können Sie den Kontakt aufnehmen. Dieser erste Kommunikationsimpuls wird voraussichtlich noch über das Messagingsystem der entsprechenden Webseite oder per Mail erfolgen und mit der Bitte verbunden sein, weitere Informationen zu erhalten oder sich zu einem persönlichen Kennenlerngespräch zu treffen. Und

genau hier erfolgt der Medien- und Prozessbruch: Das persönliche Gespräch findet dann nicht mehr digital, sondern analog statt.

Die Erfolgsgeschichte der Datingplattformen im Internet ist ein eindrucksvoller Beleg dafür, wie sehr das Digitale dabei behilflich sein kann, den richtigen Partner für einen Abend oder womöglich auch fürs restliche Leben zu finden. Da wird von den Anbietern ein enormer Aufwand getrieben, um Männlein und Weiblein (oder Männlein und Männlein oder Weiblein und Weiblein) zusammenzubringen: »136 mathematische Algorithmen« verwendet etwa der Marktführer nach eigenen Angaben, ein Wettbewerber spricht von einem »regressionsanalytischen Ansatz«, bei dem ein Vergleichswert aus der Summe gewichteter Einzelfaktoren bestimmt wird, und alles mit digitaler Rechenkraft, bei der Millionen oder gar Milliarden Operationen durchgeführt werden, um jedem Kunden möglichst gut passende Partnervorschläge zu machen. Immerhin vier Paare aus meinem direkten Freundeskreis sind über Datingplattformen zusammengekommen.

Aber die Hochzeit und die Kinder kamen natürlich erst nach eingehender analoger Überprüfung des Partners. Denn das Analoge ist und bleibt überlegen bei der Informationsüberprüfung sowie der Kommunikation.

Nur auf digitaler Ebene den passenden Partner zu bestimmen, auf die Idee käme noch keiner. Und diejenigen, die sich in diese Richtung zu weit vorwagen, werden vom Markt abgestraft. Das sogenannte »genbasierte Dating« ist ein solcher Fall: Theoretisch sollte sich aus der Kombination der DNA-Sequenzen von Mann und Frau ablesen lassen, wie gut die Gene zueinanderpassen, welche (erwünschten oder eher nicht erwünschten) Eigenschaften der jeweilige Nachwuchs hätte. Aber Partnervermittlung durch Gentests – da hat das Digitale denn doch die ihm zugebilligte Kompetenz überschritten. Entsprechende Versuche sind bislang zumindest gescheitert.

Sicher, es gibt Gegenbeispiele zur These »Digital hilft – analog entscheidet«: Ein befreundeter Finanzberater berichtete mir kürzlich davon, dass Häuser in Hamburg im Moment verkauft würden, ohne vorher besichtigt zu werden. Rein auf Basis der vorliegenden Exposés. Eine solche Vorgehensweise spricht entweder für ein extrem hohes Vertrauen in den Verkäufer beziehungsweise den Vermittler der Immobilie – was im Maklergeschäft zwar vorkommen kann, aber eigentlich eher selten ist. Oder es spricht für eine Käuferpanik mitten in der Blasenbildung eines Marktes – Hauptsache, in den Markt einsteigen, wie auch immer. Ich möchte hoffen, dass eher das Vertrauen in den Transaktionspartner dafür verantwortlich ist, dass Menschen eine so große Investition ohne analoge Erdung vornehmen – aber es fällt mir schwer. Vielleicht heißt es dann eines Tages doch wieder: Analog hätte entscheiden sollen.

Wenn es wichtig ist, wird es analog

Für den Aufbau oder die Vertiefung von Geschäftsbeziehungen – so viel kann hier schon gesagt werden – sind bislang und auf absehbare Zeit digitale Medien völlig ungeeignet. Ich kann einen Menschen aufgrund seines Profils in einem Netzwerk zwar anschreiben, anstupsen, als Kontakt hinzufügen. Ein Kennenlernen gibt es aber nur von Angesicht zu Angesicht. Und damit meine ich keinen Videochat, sondern das Café um die Ecke. Mindestens.

Das Spiel aus »Sehen und Gesehenwerden«, das im Internet so formvollendet gespielt werden kann, hat die Menschen schon immer fasziniert. Aber wenn Beziehungen Wert schöpfen sollen, wird digital allein niemals reichen: Oder kennen Sie jemanden, der nur aufgrund seiner Angaben auf einer Internetseite einen Job bekommen hätte? Ich bin mir sicher, dass es auch in Zukunft noch Bewerbungsgespräche zwecks persönlichen Kennenlernens geben wird – sei es für die zu besetzende Arbeitsstelle oder zur Vergabe eines Auftrags.

Eine der Netzwerkleistungen, auf die ich heute noch besonders stolz bin, hätte allein auf digitaler Ebene überhaupt nicht zustande kommen können. Analog war es eine Sache von 15 Minuten und einem günstigen Augenblick – auf der Hamburger »Sportgala« Ende Februar 2007. Alljährlich werden bei dieser feierlichen Veranstaltung erfolgreiche Sportler und sie unterstützende Unternehmen geehrt. Insofern war es auch nicht verwunderlich, dass ich an diesem Abend auf einen alten Bekannten traf. Thomas Martens war Chef einer international tätigen Sportmarketingagentur und die Vermarktung von »König Fußball« seit Jahren sein Geschäft. Es hatte ihn buchstäblich in die Champions League geführt. Doch Sport war an diesem Abend überraschenderweise nicht sein Thema, sondern – die Rettung der Welt. Mit leuchtenden Augen berichtete er mir davon, dass er den Auftrag erhalten habe, die vom ehemaligen US-Vizepräsidenten und Umweltaktivisten Al Gore initiierten Live-Earth-Konzerte zu vermarkten.

Hinter »Live Earth« stand der ambitionierte Plan, eine 24-stündige Livekonzert-Reihe, aufgeführt an sieben Orten, verteilt über alle fünf Kontinente, stattfinden zu lassen und weltweit im Fernsehen zu übertragen. Zweck dieser Megaveranstaltung war es, auf den Klimawandel aufmerksam zu machen. Das machte mich hellhörig, es waren nur noch vier Monate bis zu dem großen Ereignis am 7. Juli 2007. »Wo wird das Konzert in Europa stattfinden?«, fragte ich. »In London.« – »Na, das ist ja nicht wirklich Europa«, frotzelte ich, »das müssen wir doch nach Hamburg holen!« – »Ich würde es gerne bei uns machen«, sagte Martens, »schließlich bin ich Hamburger. Ich habe auch Bürgermeister Ole von Beust angeschrieben, aber er hat bis heute nicht geantwortet.« – »Würden Sie es denn schaffen, das Konzert nach Hamburg zu holen?« Martens überlegte. »Das wäre sehr kurzfristig. Doch habe ich gerade die beiden Hauptsponsoren für das Konzert gewinnen können und damit bei den Organisatoren in Los Angeles etwas gut. Vielleicht können wir sie überzeugen, noch ein achtes Konzert in den Plan aufzunehmen.« – »Okay, dann spreche ich jetzt Ole von Beust an und hole ihn zu uns an den Tisch.« Ich ging zum Bürgermeister, der nur wenige Meter weiter stand, und sagte ihm nach ein paar Einleitungssätzen: »Sie wollen dieses Jahr wiedergewählt werden, dafür brauchen Sie Schlagzeilen. Außerdem sind Sie Umweltbeauftragter der Bundeskanzlerin, aber das wissen viel zu wenige. Ich glaube, ich habe da ein Thema, das beides zu Ihrem Vorteil zusammenbringt.« Das machte ihn neugierig, und so lernten sich Thomas Martens und Ole von Beust an diesem Abend endlich persönlich kennen. Tags darauf wurde das Stadion am Volkspark für den 7. Juli optioniert. Der Rest ist Geschichte. Live Earth fand nicht nur in New York, Rio, Tokio statt, sondern auch in Hamburg.

Am Ende fand in Hamburg das zweitgrößte Konzert im Rahmen der bis dahin größten Benefiz- und Musikveranstaltung der Geschichte statt. Shakira und Snoop Dogg traten hier auf, Enrique Iglesias und Sasha, Katie Melua und Revolverheld, Cat Stevens und Lotto King Karl – und eine Milliarde Menschen, die das Konzert am Fernseher und im Internet live verfolgten, schauten nach Hamburg. Gänsehaut pur für alle Beteiligten und eine bis heute unübertroffene PR für die Freie und Hansestadt Hamburg.

Auf analog-digitalem Weg zum Erfolg

Der Medien- und Prozessbruch zwischen digitalem und analogem Beziehungsmanagement ist gewaltig – und wird es auf absehbare Zeit bleiben. Es war, ist und bleibt ein riesiger Unterschied, ob man sich digital oder analog begegnet. Eine Beziehung muss analog aufgebaut und danach auch gepflegt werden, sonst virtualisiert sie sich in die Bedeutungslosigkeit.

Analog und digital sind kein Widerspruch. Beide Seiten haben ihre Stärken und damit auch ihre Berechtigung. Sie bewegen sich ständig parallel zueinander, es kommt zu einer Fülle von Berührungen, Kreuzungspunkten und manchmal auch Konfliktfeldern. Und es sollte für Sie nicht darum gehen, das eine oder das andere zu perfektionieren, sondern das Beste aus beiden Welten für sich zu nutzen. Selbstverständlich sollten Sie Mitglied in den virtuellen Businessnetzwerken sein, die Ihnen helfen, Ihr eigenes Netzwerk abzubilden. Das bringt Ihnen Übersicht und Transparenz, aber auch viele zusätzliche Informationen, die Sie bislang vielleicht nicht hatten. Zudem ist es ein unschätzbarer Vorteil dieser Angebote, dass Ihre Kontakte selbständig ihre Adressdaten aktualisieren oder Sie beispielsweise auf Geburtstage hingewiesen werden und mit minimalem Aufwand gratulieren können. Eine eindimensionale Vertriebsstrategie, die nur den digitalen oder den analogen Kanal bespielt, ist zum Scheitern verurteilt oder allenfalls in kleinen Nischen machbar. Auf einem Bein steht es sich erfahrungsgemäß schlecht. Daher haben die bisherigen Player im Offline-Geschäft längst wachstumsstarke Online-Ableger gegründet, während die jungen Wettbewerber aus dem Online-Geschäft erste Flagshipstores in den Fußgängerzonen eröffnen.

Die Notwendigkeit, analog und digital miteinander zu kombinieren, gilt genauso für Ihre Beziehungsstrategie. Natürlich, auch das Digitale kann sozial sein. Und natürlich, auch im Internet kann man »Nett-Working« betreiben; das geht sogar, wenn man sich eigentlich nicht mag – oder nicht einmal weiß, dass man sich nicht mag, weil man sich gar nicht kennt. Nur erreichen werden Sie mit einer eindimensional auf das Digitale ausgerichteten Strategie für Ihr Beziehungsmanagement herzlich wenig. Sie brauchen das zweite Standbein. Ich kenne viele Menschen, die deutlich mehr digitale denn analoge Kontakte haben. Diesen Menschen empfehle ich, ihren Schwerpunkt zu verändern und sich beispielsweise stärker auf realen Veranstaltungen oder in Netzwerken wie

Businessclubs einzubringen. Auf der anderen Seite gibt es auch Menschen, für die das Internet mit seinen Businessplattformen noch immer Neuland ist. Diesen Menschen kann man nur aufmunternd zurufen: Willkommen im 21. Jahrhundert.

Wenn ich jemanden in der analogen Welt kennengelernt habe, verbinde ich mich im Anschluss auch digital mit ihm. Ich weiß zu diesem Zeitpunkt zwar noch nicht, wie intensiv und auf welche Weise er oder sie den digitalen Kanal nutzt. Aber ich erhöhe meine Chance, den Kontakt zu halten und weitere Hintergrundinformationen und vor allem aktuelle Nachrichten zu bekommen. Beides kann ausschlaggebend dafür sein, den Kontakt wieder aufzunehmen und auszubauen. Selbst dann, wenn wir im persönlichen Gespräch zunächst keinen konkreten Anknüpfungspunkt gefunden haben. Manchmal zeigt sich der »missing link« erst bei der Recherche im Anschluss.

Wenn ich jemanden auf digitalem Wege »kennengelernt« beziehungsweise entdeckt habe, dann war eine für mich interessante, meine Aufmerksamkeit fordernde Information dafür ausschlaggebend. Diese Information führte mich gedanklich zu möglichen gemeinsamen Aktivitäten, unabhängig davon, ob ich kontaktiert wurde oder selber den Kontakt gesucht habe. So oder so werde ich darum bemüht sein, ein persönliches Treffen zu arrangieren. Schließlich möchte ich meine Annahme für gemeinsame Geschäftsmöglichkeiten überprüfen. Schauen Sie deshalb Ihre digitalen Kontakte regelmäßig daraufhin durch, wie Sie zum analogen Menschen stehen. Insbesondere soziale Netzwerke mit ihrem stetigen Informationsfluss sind eine hervorragende Inspirationsquelle für das Finden zukünftiger gemeinsamer Aktivitäten. Doch bedenken Sie dabei stets: Diese Informationen sind manchmal nicht nur (un)vollständig, sondern auch erschöpfend. Im doppelten Wortsinn.

Welchen Weg bevorzugen Sie für die Kontaktaufnahme mit anderen Menschen?

Auf welchem Kanal werden Sie selber am liebsten angesprochen?

Unterscheidet sich Ihr analoges von Ihrem digitalen Netzwerk?

Trennen Sie im Internet zwischen privaten und geschäftlichen Aktivitäten?

2. Die zweite Ebene der Beziehungspyramide: Kommunikation

»Beziehung beruht auf Gegenseitigkeit.«
Martin Buber (1878–1965)

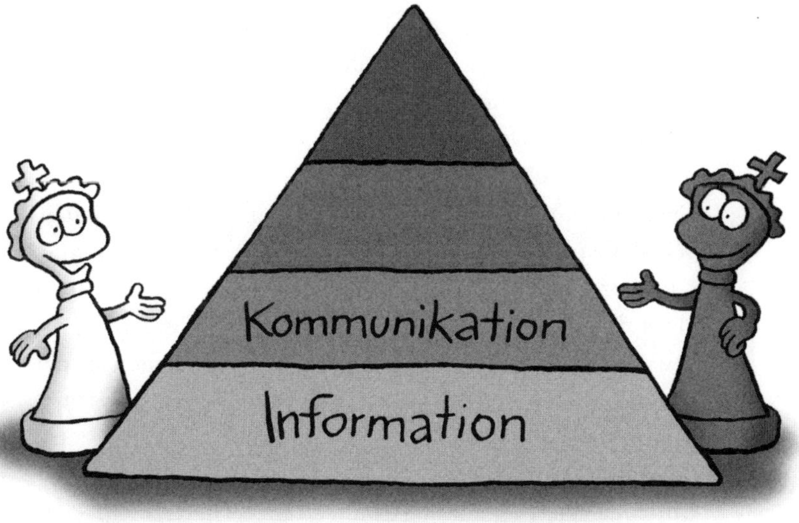

Fünfter Baustein: Geben und nehmen. In dieser Reihenfolge.

Sie erfahren, wie Sie ein Beziehungskonto öffnen und führen.

Bis hierhin habe ich Ihnen erläutert, wie Sie sich auf die Kontaktaufnahme vorbereiten und mit welcher Haltung Sie grundsätzlich Ihr Beziehungsmanagement vornehmen sollten. Ab jetzt, da wir aus der Informations- in die Kommunikationsphase übergehen, geht es um den direkten persönlichen Kontakt.

Damit wird es höchste Zeit, dass wir auf die Person zu sprechen kommen, die wie keine zweite für ein extrem konsequentes Beziehungsmanagement bekannt, sogar berühmt oder eher: berüchtigt ist. Es handelt sich um »The Godfather of Networking«: den Paten. Der Roman *Der Pate* von Mario Puzo erschien im Jahr 1969 und erzählt die Geschichte der aus Sizilien stammenden Mafiafamilie Corleone. Doch richtig berühmt wurde das Buch erst drei Jahre später durch seine Verfilmung. Francis Ford Coppola setzte sich ein filmisches Denkmal – und Marlon Brando und Al Pacino wurden unsterblich.

Der Pate hilft Menschen, die sich in einer Notlage befinden. Dabei ist allerdings jedem, der seine Hilfe in Anspruch nimmt, klar, dass er einen Pakt mit dem Teufel schließt. Und dass es irgendwann geschehen kann, dass er diese Schuld einfordern wird – nicht aus Prinzip, sondern nur dann, wenn er es braucht. Und das sagt er auch jedes Mal dazu: »Es kann eines Tages sein, dass ich zu dir komme und deine Hilfe brauche.« Und dann nicht zu helfen – das kommt nicht in Frage.

Corleone agiert an der Spitze von straffen Hierarchien. Seine wichtigsten Geschäftsfelder sind illegal. Er baut existenzielle Abhängigkeiten auf. Er lässt Menschen töten, die sich nicht an seine Vorstellungen halten oder seine Position gefährden. Das Prinzip des Gebens und Nehmens steht unter diesen mafiösen Strukturen also unter dem Diktat eines Einzelnen, das keine Gleichrangigkeit zulässt. Diese Gleichrangigkeit aber ist Voraussetzung für ein funktionierendes Netzwerk, das seinem Namen auch gerecht wird. Alle Beteiligten müssen gleichermaßen und nach ihren Vorstellungen im gemeinsamen Netzwerk zum Zuge kommen können. Es geht dabei um wechselseitige Verpflichtung und eben nicht um einseitige Vorteilsnahme.

Das Beziehungskonto

Man kann es auch in andere Kategorien fassen: Sie investieren in eine Beziehung, zahlen etwas ein, um irgendwann von dieser Beziehung wieder zu profitieren, sich also etwas auszahlen zu lassen. Sie führen bildlich gesprochen ein »Beziehungskonto«. Nur dass Sie dieses Konto nicht von einer Bank verwalten lassen, sondern es selbst führen – und dabei ein gutes Gefühl und den Überblick behalten sollten.

Viele Networking-Ratgeber empfehlen Ihnen, darüber Buch zu führen, wem Sie noch einen Gefallen schulden und, vor allem, wer bei Ihnen selbst noch in der Schuld steht. Das möchte ich in dieser Form nicht übernehmen. Geben kann nur freiwillig erfolgen. Geben einzufordern, einen Gefallen zurückzuverlangen funktioniert nicht – zumindest nicht langfristig und nicht in einem partnerschaftlichen Verständnis. Nach diesem Verständnis sichert gerade die Freiwilligkeit der »Investition« in eine Beziehung die Entstehung eines Guthabens ab. Der Ertrag dieser Investition ist zwar nicht exakt im Voraus zu bestimmen, aber nach der geltenden Spielregel als solcher sicher. Es gilt also das ungeschriebene Gesetz »Erst geben, dann nehmen«, nur dann kommt es zu einem soliden Fundament für stabile Geschäftsbeziehungen. Wird dieser Grundsatz veletzt, nimmt auch das Netzwerk Schaden. Die umgekehrte Reihenfolge – erst nehmen und dann geben – funktioniert grundsätzlich nicht – schon gar nicht dauerhaft. Menschen, die sich so verhalten, werden gemeinhin als Schnorrer bezeichnet und sind nicht gerne gesehen.

Sie kennen das vielleicht aus Ihrem privaten Erleben: Sie laden zu einer Party ein. Ihre Gäste bringen Prosecco mit und trinken Ihre Champagnervorräte leer. Als guter Gastgeber nehmen Sie das womöglich hin. Dennoch: Einen guten Eindruck werden diese Gäste bei Ihnen kaum hinterlassen. Schöner wäre es gewesen, Ihre Gäste hätten Ihnen Champagner mitgebracht und sich über einen angebotenen Prosecco gefreut.

Übertragen auf Ihre geschäftlichen Aktivitäten bedeutet das: Bringen Sie Champagner mit, auch wenn es als Gegenleistung erst einmal nur lauwarmen Prosecco gibt. Zeigen Sie also Ihre Leistungsbereitschaft und unterstreichen Sie Ihre Leistungsfähigkeit, indem Sie Ihrem Gesprächspartner dort entgegenkommen, wo es für Sie mit Leichtigkeit zu machen ist und das für den anderen einen unmittelbaren Nutzen und Mehrwert bedeutet. Klassischerweise könnte dies der erste Schritt sein, den Sie ohnehin gehen müssten, um eine Zusammenarbeit zu starten. Wenn Sie eine Vermögensberatung anbieten, wäre dies beispielsweise eine Bestandsaufnahme der bestehenden Finanzverhältnisse bei Ihrem Gesprächspartner. Entscheidend dabei ist: Verlangen Sie dafür nicht eine sofortige Gegenleistung in gleicher Höhe! Ich würde Ihnen sogar dringend dazu raten, möglichst wenige Worte zu diesem Entgegenkommen zu verlieren. Wenn Sie beide ausreichend gut auf der Informationsebene gearbeitet haben, wird Ihr Gegenüber einschätzen können, was Ihre Leistung faktisch wert ist und wie viel persönliche Wertschätzung es bedeutet, wenn Sie nichts in Rechnung stellen.

Durch diese Vorgehensweise erarbeiten Sie sich ein »Plus« auf Ihrem gemeinsamen Beziehungskonto. Wenn Sie mehrfach investiert haben, werden Sie kreditwürdig und können »Geld« auf Vorschuss bekommen beziehungsweise Ihr Konto auch einmal überziehen. Kredit kommt nicht umsonst von dem lateinischen Wort für »glauben«. Doch überziehen Sie nie zu stark und nie zu lang oder gar auf Dauer. Ihr Partner könnte geneigt sein, das Konto zu schließen und der Abschreibung zuzuführen.

Der Begriff Beziehungskonto soll nun keinesfalls nahelegen, dass es sich um eine mit dem Bankkonto komplett identische Funktion handelt. Denn:

- Es handelt sich um kein Sparkonto, auf dem immer mehr Guthaben angehäuft wird. Ihr Netzwerk wird nicht dadurch mehr wert, dass die anderen Beteiligten tiefer in Ihrer Schuld stehen, sondern dadurch, dass Sie miteinander agieren, voneinander lernen und sich gegenseitig unterstützen.
- Auf der anderen Seite befindet sich keine Bank, sondern ein Mensch. Deshalb ist auch nicht einfach das Guthaben der einen Seite gleichzeitig die Schuld der anderen: Von einer stärkeren und vertrauensvolleren Verbindung profitieren alle Beteiligten.
- Es gibt keinen kontoführenden Dritten, dessen Spielregeln zu berücksichtigen sind, sondern ausschließlich ein bilaterales Verhältnis, das Sie selbständig ausgestalten können.
- Es gibt keine direkte Quantifizierung des Kontostands. Sie können zwar recht objektiv feststellen, ob Sie beim Gegenüber noch »etwas guthaben« und ob es eher auf einen großen oder einen kleinen Gefallen hinauslaufen könnte. Aber ob der Gefallen nur ein paar Euro oder ein paar tausend oder ein paar Millionen »wert« ist, können Sie nicht berechnen – und sollten das auch gar nicht erst versuchen.
- Es gibt keine direkte Übertragbarkeit: Was Sie auf dem Girokonto haben, können Sie an jeden Beliebigen überweisen, die Verpflichtungen dagegen sind in der Regel an eine

Person direkt gebunden. Hatte ich schon erwähnt, dass Geschäfte zwischen Menschen gemacht werden?

Wenn ich von der Eröffnung eines Beziehungskontos rede, spreche ich über einen Zeitpunkt, an dem eine (Geschäfts-)Beziehung beginnt oder beginnen soll. Nur der Vollständigkeit halber: Beziehungskonten ergeben nur in einem bestimmten Kontext Sinn und sind als Ausdruck eines wechselseitigen Austauschs nur dort möglich. So gelten in rein privaten Beziehungen wie beispielsweise zwischen Eltern und Kindern natürlich vollkommen andere Regeln als die einer Beziehungskontoführung. Eltern geben ihre Liebe an ihre Kinder weiter – ohne Regelwerk, ohne Bedingungen, Kinder sind zu keiner unmittelbaren Gegenleistung verpflichtet. Und dass die heutigen Generationen auf Kosten ihrer Kinder leben – sowohl unter ökologischen wie auch unter finanziellen Gesichtspunkten –, rüttelt schon gehörig an diesem Grundsatz des Gebens, ohne zu nehmen.

Eine Frage der Dosierung

Wenn ich in ein Beziehungskonto einzahle, meinem Gegenüber also etwas gebe – und sei es nur ein Lächeln –, so sollte ich dies zu Beginn einer neuen Beziehung in einer Dosis tun, die meinem Gegenüber die Chance lässt, mir dafür auch etwas zurückgeben zu können. Es geht ja gerade nicht darum, ein Schuld- oder gar ein Abhängigkeitsverhältnis aufzubauen, sondern darum, zu gemeinsamem Agieren zu kommen. Überschütte ich eine Person beispielsweise mit Komplimenten, Geschenken oder Angeboten, wird sie sich schnell bedrängt und auch überfordert fühlen.

Um es gar nicht erst zu kompromittierenden Situationen kommen zu lassen, sind sowohl im öffentlichen Dienst als auch durch die Compliance-Regeln in vielen privaten Unternehmen solcherlei

Geschenken enge Grenzen gesetzt. Meine Grundregel orientiert sich da an jenem bereits in der Einleitung erwähnten Ausspruch des früheren Google-Chefs Eric Schmidt: Wenn es schlecht aussehen würde, wenn ein Geschenk publik würde, ist es besser, es ganz zu lassen. Dosiere ich hingegen vorsichtig, werde ich schnell wahrnehmen können, ob und wie mein Gegenüber mir etwas zurückgibt.

Und wie dosiert man vorsichtig? Einfache Antwort, aber keineswegs immer einfach zu ermessen: Das entscheidet Ihr Taktgefühl. Hilfreich ist es nach meiner Erfahrung zum einen, gedanklich die Rollen zu tauschen: Wie würde ich mich fühlen, wenn ich der Beschenkte wäre? Und zum Zweiten: Wenn Sie Ihrem Gegenüber ein ernst gemeintes Lob machen können – tun Sie's. Das geht übrigens auch bei einer noch völlig unbekannten Person. Im Jahr 2000 saß bei einem Transatlantikflug der Vorstandsvorsitzende des Verlags Gruner+Jahr, Bernd Kundrun, ein paar Reihen hinter mir. Beim Umsteigen in Paris, im allgemeinen Gewühl der Koffersuche im Flieger, sprach ich ihn an. Ich beglückwünschte ihn zum gerade erfolgten Start der *Financial Times Deutschland*. Statt mir zu antworten, drehte er sich zu seiner Frau: »Siehst du Schatz, es gibt doch noch Leute, die toll finden, was wir da machen.« Dann lachte er mich an. Ich solle mich nächste Woche mal bei ihm für einen gemeinsamen Kaffee melden. Das tat ich. Fünf Wochen später beteiligte sich das Verlagshaus Gruner+Jahr mit einer deutlich siebenstelligen Investitionssumme an der BöttcherHinrichs AG.

Ein anderes Mal war ich Gast einer kleinen, exklusiven Veranstaltung auf Einladung von René Obermann, damals Vorstandsvorsitzender der Deutschen Telekom AG. Der Abend war famos. Bestes Essen, beste Getränke. Und dann trat Pop-Ikone Anastacia zum Privatkonzert auf. Ein unvergessliches Erlebnis! Im Anschluss ging ich zu Obermann und bedankte mich bei ihm für diesen Abend. Ich verband meinen Dank mit einer Einladung Obermanns in meinen Club, um dort einen Vortrag zu halten. Er sagte: »Schreiben Sie mir gerne eine Mail« und gab mir seine Mail-Adresse. Ich muss deutlich sichtbar gezögert haben, denn er lächelte und gab mir den Code, mit dem ihn meine Mail direkt auf seinem Blackberry erreichen würde – ohne zwischengeschaltetes Sekretariat. Fünf Tage später schrieb ich ihm meine Mail. Themenvorschlag, Terminvorschlag, Ablaufplan. Er antwortete. Nach 42 Minuten, sehr persönlich. Bald darauf war er als Redner bei uns im Club.

Beim Geben und Nehmen zählen auch, und gerade, die kleinen Gesten. Ich habe einem Gast beim Verlassen des Clubs eine Jazz-CD geschenkt, die ein Clubmitglied für uns produziert hat – und schon zwei Tage später hatte ich eine von ihm mitproduzierte CD nebst handgeschriebener Notiz in der Post. Eine schöne Dankesgeste.

Das Wechselspiel von Geben und Zurückgeben minimiert mein Risiko, beim Beziehungsaufbau zu übertreiben. Es minimiert zwar auch meine Chance, eine corleoneartige Karriere zu machen – aber das nehme ich gerne in Kauf.

Ausgeglichenes Konto

Sie müssen aber nicht nur geben, sondern auch nehmen können. Komplimente beispielsweise. Ich kenne viele Menschen, die mit Komplimenten nicht umgehen können. Dabei ist die Annahme eines Kompliments denkbar einfach: Sie müssen schlichtweg Danke sagen. Wenn Sie beobachten, dass Ihr Gegenüber Danke sagen kann, haben Sie damit ein elementar wichtiges Signal für die weitere Kommunikation.

Es gibt natürlich auch Menschen, die ihre Probleme haben mit dem Geben und Nehmen. Mit ihnen ein Beziehungskonto zu eröffnen ist schlicht unmöglich. Die einen können nicht geben – gehören also, wie man früher zu sagen pflegte, zum »Stamme Nimm«. Diese Sorte von übersteigertem Egoismus führt zu geschäftlicher Beziehungsunfähigkeit, und so etwas schaue ich mir nicht lange an und mache es schon gar nicht mit. Andere wiederum merken gar nicht, dass ihnen etwas gegeben wird. Das kann an der unterschiedlichen Wertschätzung von Dingen und Gesten liegen, mit unterschiedlichen Erwartungen an die Beziehung zusammenhängen oder – ganz schlicht – in einer anderen Sprache begründet sein. Sobald ich bemerke, dass es sich um einen solchen Fall handelt, versuche ich mit der Haltung meines Gegenübers offensiv – nicht aggressiv! – umzugehen: Wenn jemand nur die Sprache des Geldes versteht, warum ihn nicht kopieren und den entsprechenden Ton anschlagen? Nicht über »geben und nehmen« reden, sondern über »austeilen und einstecken«? Ganz nach der Methode »Tit for Tat« (»Wie du mir, so ich dir«) aus der Spieltheorie: Man verhält sich zunächst eindeutig kooperativ und kopiert im folgenden Verlauf das Verhalten des anderen: Auf Konzilianz und Freundlichkeit reagiert man konziliant und freundlich, Angriffslust und Ablehnung werden mit souveräner Unfreundlichkeit quittiert. Damit zumindest kommt es garantiert zu einem ersten Gespräch, das für Sie Klärung – in welche Richtung auch immer – bringen kann.

Wenn Sie also einen Beziehungsaufbau nicht gleich wieder abbrechen wollen (was ich bei Gesprächspartnern vom Stamme Nimm immer empfehlen würde), sollten Sie jederzeit bereit sein, im kooperativen Modus zu bleiben. Denn gerade im Anfangsstadium einer Beziehung gibt es ein hohes Risiko für Missverständnisse, weil man die gemeinsame Ebene noch nicht gefunden hat, die Hürden im gegenseitigen Verständnis erst noch genommen werden müssen. Ein banales Beispiel aus dem Alltag eines Journalisten: Sie sollen einen Text, der 5000 Zeichen umfassen soll, abliefern. Sie gehen ganz selbstverständlich davon aus, dass dabei die Leerzeichen mitgezählt sind, Ihr Auftraggeber meint hingegen genauso selbstverständlich, dass die Leerzeichen nicht zählen. Der Unterschied zwischen diesen beiden Zählvarianten macht immerhin knapp 20 Prozent des Gesamtvolumens aus.

In der Anfangsphase einer Beziehung rühren Missverständnisse in der Regel daher, dass man sich auf unterschiedlichen Kanälen befindet und deswegen aneinander vorbeikommuniziert. Das Vier-Ohren-Modell des Psychologen Friedemann Schulz von Thun hilft, diese unterschiedlichen Kanäle zu begreifen. Er unterscheidet zwischen vier Aspekten einer Nachricht: Sachinhalt (»Worüber informiere ich?«), Selbstoffenbarung (»Was gebe ich von mir selbst preis?«), Beziehung (»Wie stehe ich zu dir, wir zueinander?«) und Appell (»Was will ich von dir?«). Jeder dieser Aspekte ist sozusagen ein eigenes Ohr, mit dem eine Nachricht gehört und entsprechend gedeutet werden kann. Je unterschiedlicher die (unbewusste) Aspektwahl der Gesprächspartner ausfällt, desto größer werden die Missverständnisse.

Ein einfaches Beispiel. Sie bitten jemanden: »Kannst du mal schnell etwas für mich machen?« – einen Termin vereinbaren, einen Namen heraussuchen, ein Bild bearbeiten, einen Text lesen, einen Tipp geben! Sie wollen damit signalisieren: kein großer Aufwand. Sie gehen von einem Gefallen aus, um den Sie da ganz sachlich bitten. Aber versteht der von Ihnen Angesprochene das immer und auf jeden Fall auch so? Es wäre ebenfalls möglich, dass Ihre Frage als »Mach du das mal, ich habe dazu keine Lust, keine Zeit, kein Geld« wahrgenommen wird. Das würde den weiteren Gang der Dinge deutlich erschweren, wenn nicht gar unmöglich machen.

Wie eingangs über die Eröffnung des Beziehungskontos gesagt: Erst nehmen und dann geben sollte für Sie keine Option sein. Natürlich muss auf jeden, der gibt, auch einer kommen, der nimmt. Und wenn Sie den Anfang machen, dann ist das für Ihr Gegenüber der Einstieg in eine Beziehung mit Nehmen. Das ist korrekt. Deshalb sollten Sie von Anfang an darauf aus sein, auf eine gleichberechtigte Beziehung hinzuarbeiten und keine eklatanten Ungleichgewichte auf dem Beziehungskonto entstehen zu lassen.

Das gilt auch für den weiteren Verlauf der Beziehung. Leistung und Gegenleistung sollten auf überschaubare Zeit in einem ausgewogenen Verhältnis stehen, und die Verhältnisse sollten klar sein. Die Ausschläge auf dem Konto dürfen zwar größer sein als am Anfang, aber sie sollten trotzdem um die ausgeglichene Linie herum pendeln. Mag sein, dass das nicht immer klappt. Wenn ich das Gefühl habe, dass mich mein Gegenüber zu weit auf die Nehmerseite stellen möchte, steuere ich gegen. Ich sage dann beispielsweise: »Das ist klasse, dass Sie mich unterstützen. Gibt es etwas, womit ich mich revanchieren kann?« Wenn dann ein »Nein« als Antwort kommt, ist das Konto vielleicht nicht ganz ausgeglichen, aber es steht auch auf meiner Seite bereits ein – wenn auch deutlich kleineres – Haben. Damit kann die Beziehung gut weitergehen.

Wenn ich in der ersten Runde auf die Geberseite gehe, beispielsweise durch eine Einladung zu einem Essen im Club, lege ich in der Regel meine Interessen offen – etwa indem ich direkt sage, dass ich meinen Gast gerne als Mitglied für den Club gewinnen will. Ich halte sehr viel davon, meine Ziele transparent zu machen. Die Entscheidung bleibt selbstverständlich völlig auf Seiten des Gastes. Er kann »Ja« oder »Nein« oder »Vielleicht« sagen. Achten Sie besonders darauf, Ihrem Gegenüber die Möglichkeit einzuräumen, ohne Gesichtsverlust »Nein« sagen zu können. Auch ein momentanes Nein muss nicht auf ewige Zeiten ein Nein bleiben. »Man sieht sich immer zweimal im Leben« – und in einer Stadt wie Hamburg, in der man sich bekanntlich »zu Fuß vernetzt« (so der ehemalige Wirtschaftssenator Thomas Mirow), mitunter sogar zweimal die Woche.

Konvention und Funktion

Die wichtigsten Grundregeln, wie man sich als Einladender beziehungsweise Eingeladener verhält, finden Sie in den vielen Knigge-Ratgebern; und auch wenn ich quasi hauptberuflich Gastgeber bin, möchte ich diesen keine weiteren hinzufügen. Ich gebe Ihnen keinen Tipp, wer wem die Tür aufhält oder in den Mantel hilft, wie viel Trinkgeld oder Rabatt wann angemessen sind und was Sie in welcher Situation anziehen sollen. Hier im Buch nicht und auch nicht im realen Leben. Nur einmal musste ich von diesem Prinzip abweichen und einem Unternehmensberater einen dezenten Hinweis geben. Als ein leidenschaftlicher Hobby-Radrennfahrer zeigte er schon mal gerne Bein – selbst zu unpassender Gelegenheit. Kurze Hosen allein reichen ja schon aus, einem Gesprächspartner das Leben schwer zu machen, ihn zu irritieren und abzulenken. Kommen dann auch noch Sandalen ohne Socken ins Spiel, darf sich der Freizeitsportler nicht wundern, wenn für ihn kein Geschäft herausspringt. Also habe ich ihn auf seine eher unpassende Kleiderwahl hingewiesen – ein Hinweis mit prompter Wirkung sowohl auf die Hosenlänge als auch anschließend auf seine Auftragslage.

Wie gesagt: eine Ausnahme und deshalb kein Grund, bei jeder Gelegenheit Benimmregeln und Kleiderordnung zu predigen. Mir persönlich ist die Funktion wichtiger als die Konvention: Auf welche Regeln Sie sich beim Geschäftlichen mit anderen stützen, ist Ihnen überlassen – allerdings Ihnen gemeinsam. Ich möchte an dieser Stelle einzig auf die Faustregel verweisen, die für die Kosten bei einem ersten Zusammentreffen gilt: Derjenige, der das Gespräch initiiert, übernimmt auch die direkten Gesprächskosten, in der Regel also die für Gastronomie plus eventuell Eintrittskarten.

Ich habe es mir in meiner Rolle als Gastgeber zur Gewohnheit gemacht, alle Teilnehmer einer Veranstaltung immer im Eingangsbereich des Clubs zu begrüßen. Auf diese Weise habe ich am Ende mit jedem Gast wenigstens ein paar Worte gewechselt, viel wichtiger bei diesem Empfang der Gäste mit den sprichwörtlich offenen Armen und einem Lächeln ist mir aber das Signal, das ich geben möchte: Ihr seid willkommen. Das prägt die Stimmung, das Befinden und die Themen – ganz nach dem erwähnten Grundsatz: »Wie du mir, so ich dir«.

Es ist manchmal notwendig, andere Menschen um ihre Großzügigkeit zu bitten, diese sogar einzufordern, also erst zu nehmen und dann zu geben. Aber Sie werden überrascht sein, wie viele Menschen einer wohlgemerkt gut begründeten Bitte nach Großzügigkeit nachkommen. Und Sie werden noch überraschter sein, wie viele Menschen dafür keine spezielle Gegenleistung erwarten.

Eine ganz spezielle Art des Gebens, das zwei unheilbar kranken Kindern zugutekam, erlebte ich bei einer gemeinsam mit dem

Hamburger Abendblatt veranstalteten Versteigerung. Zum Kauf stand ein von Lionel Messi, dem vielfachen Weltfußballer des Jahres, signiertes Trikot. Der Zuschlag für das Trikot erfolgte bei 2222 Euro. Ein paar Minuten später erreichte mich ein Gebot über 2500 Euro. Leider zu spät, wie ich dem Bieter mitteilen musste. Und was tat der? Er gab das Geld trotzdem, woraufhin der Auktionsgewinner gleich nachzog, im Nachhinein sein Angebot erhöhte, so dass am Ende für ein Stückchen Stoff 5000 Euro gezahlt wurden. Großzügigkeit als Kettenreaktion.

Solche Menschen haben verstanden, dass ein Netzwerk auf der allgemeinen Anerkennung der Tatsache beruht, dass kein Mensch alles alleine bewältigen kann, sondern dass man einander braucht. Nur dann funktioniert es. Meist haben diese Menschen selbst die Erfahrung gemacht, dass jemand Zeit und Energie in sie investiert hat, ohne eine unmittelbare Dividende für dieses Investment einzufordern. Häufig hat sie erst diese Großzügigkeit in ihre Position gebracht. Wenn ihre Beziehungen von Großzügigkeit geprägt sind, wird der Lohn dafür folgen – garantiert. Und er erhöht die Bereitschaft, für das Empfangene wieder etwas zurückzugeben. Wobei ja nicht abgegeben wird. Vielmehr wird geteilt. Und da verhält es sich wie mit dem Glück: Es wird größer, wenn es geteilt wird.

Was können Sie Menschen geben, um sie für sich zu gewinnen?

Gibt es in Ihrem Netzwerk Beziehungskonten, auf die Sie einzahlen sollten, um die Verhältnisse wieder angemessen zu gestalten?

Worum bitten Sie maximal, wenn Sie um einen Gefallen bitten?

Wie viele Ihrer (ehemaligen) Bekannten möchten Sie lieber nicht wiedersehen? Und gibt es Menschen, denen es mit Ihnen ähnlich geht?

Sechster Baustein: Bitte recht offen

Sie erfahren, wie Sie mit Ihrem Gesprächspartner warm werden und Ihrem Ziel näher kommen können.

»Märkte sind Gespräche«, heißt die erste und berühmteste der 95 Thesen des »Cluetrain-Manifests«, mit dem im Jahr 1999 der Dotcom-Gemeinde eine Art ideologischer Überbau gegeben wurde. Das sprach mir damals aus der Seele und tut es noch heute. Der Umkehrschluss ist allerdings nicht richtig: Nicht jedes Gespräch ist auch ein Markt. Ob es zu einem wird, liegt an beiden Gesprächspartnern, also auch an Ihnen.

Erst einmal müssen Sie die »richtigen« Menschen kennen beziehungsweise kennenlernen. Wie gelingt es Ihnen, auf einer

großen Veranstaltung genau die Personen anzusprechen, die Sie durch Ihre gute Vorbereitung identifiziert haben – schließlich geht »spektakulären Leistungen immer spektakuläre Vorbereitung voraus«, wusste schon Robert H. Schuller.

Orientieren Sie sich zunächst über die räumlichen Gegebenheiten. Wo stehen und wo gehen die Menschen? Optimal ist es, wenn Sie sich bewegen. Bleiben Sie nie allzu lange an einer Stelle stehen. Aber bitte auch nicht kreuz und quer herumvagabundieren. Gehen Sie lieber eine mehr oder weniger feste Strecke. Ich beispielsweise bewege mich meist in Form einer Acht durch den Raum. Klingt merkwürdig, führt aber dazu, dass ich von der überwiegenden Anzahl der Anwesenden gesehen werde – und immer wieder die Möglichkeit erhalte, in neue Gespräche einzusteigen.

Zudem halte ich mich immer wieder und gerne, falls vorhanden, an der Bar auf. Das ist der Ort, an dem Sie besonders leicht ins Gespräch kommen. Und sei es darüber, dass Sie für Ihren Nachbarn ein Bier mitbestellen. Das ist ein »natürlicher« Einstieg ins Gespräch. Während die beiden Biere gezapft werden, haben Sie Zeit für ein erstes Kennenlerngespräch. Selbst wenn das Bier in weniger als sieben Minuten gezapft werden sollte.

Und wenn es nicht anders geht, machen Sie es wie ich in meiner Zeit als Schülerzeitungsredakteur. Damals habe ich die prominenten Zeitgenossen unter anderem in der Toilette am Waschbecken angesprochen, um eine Leuchtturm-Zeichnung zu erhalten. Manchmal war das im Rahmen einer Veranstaltung die einzige Möglichkeit, einen dieser Menschen persönlich anzusprechen. Sie haben in solch einer »Waschbeckensituation« zwar nur wenige Sekunden Zeit, aber die exklusiv. Ihre »drei Sätze« (Ihr Name, Ihre Funktion, Ihr Anliegen) sollten Sie auf jeden Fall unterbringen können. Und wenn Sie es schaffen, diese Zeit gut zu nutzen, sind Sie beim Verlassen der Räumlichkeit im Gespräch. Oder Sie können am darauffolgenden Tag den Kontakt unter Hinweis auf diese kurze Unterredung wieder aufnehmen.

Halten Sie stets Ihre Visitenkarte bereit. Bedrängen Sie Ihren Gesprächspartner jedoch nicht, Ihnen auch seine Karte auszuhändigen. Jemandem »den Namen zur Nase geben« ist eher eine Frage des guten Tons. Unbedingt erforderlich ist es nicht. Bei den heutigen nahezu unbegrenzten Recherchemöglichkeiten lässt sich alles Wesentliche mit Leichtigkeit in Erfahrung bringen. Und wenn die Karte einmal nicht bei der Hand sein sollte? Eine freundliche Mail am nächsten Morgen mit Ihren Kommunikationskoordinaten kann, so zumindest meine Erfahrung, der Auftakt für so manch guten und sich intensivierenden Kontakt sein.

Ins Gespräch kommen

Die Kunst bei einer Kontaktaufnahme besteht darin, vom belanglosen und banalen Geplänkel zum Geschäftsgespräch zu kommen. Das gelingt Ihnen dann, wenn Sie auf ein vorgeblich rein zufälliges Zusammentreffen bestens vorbereitet sind. Wenn Sie Anknüpfungspunkte parat haben, die für den scheinbar völlig unbekannten Nebensitzer an der Bar einen geschäftlichen Nutzen und Mehrwert bringen oder ihn schlichtweg persönlich interessieren können.

Gehen Sie bei solch einem Erstkontakt stets davon aus, dass Sie für Ihr Gegenüber unbekannt sind. Der Gesprächspartner weiß also nicht, wer Sie sind, kennt vielleicht Ihr Unternehmen nicht, weiß nichts von Ihren Produkten, Dienstleistungen, persönlichen Kernkompetenzen. Selbstredend haben Sie Ihre drei Schlüsselsätze parat und starten damit auch ins Gespräch. Zwar haben Sie in dieser Situation voraussichtlich mehr Zeit, könnten also weiter ausholen. Aber da Sie keinen Witz erzählen wollen, bei dem die Pointe bekanntermaßen erst am Schluss kommt, nennen Sie selbstverständlich die wichtigsten Informationen und Aussagen bereits zu Beginn Ihres Gesprächs.

Erst im Anschluss halten Sie das Gespräch so lange in Gang, bis Sie Ihrem Gegenüber das über Ihre Person vermittelt haben, was Sie ihm mitteilen wollten und was von seiner Seite aus nachgefragt wurde. Sollte dieser Abgleich situationsbedingt nicht zu Ende geführt werden können, ist dies die beste Vorlage dafür, um einen gemeinsamen Folgetermin zu vereinbaren.

Fühlt sich in etwa so an wie »Kaltakquise« am Telefon, mit dem allerdings großen Unterschied, dass Sie schon einmal gemeinsam an der Bar stehen. Und dass es einen oder auch mehrere gemeinsame Anknüpfungspunkte gibt – ein spezielles Hobby oder, besser noch, die Universität, die Sie beide besucht haben, oder der Arbeitgeber, der Sie beide schon einmal beschäftigt hat.

Doch nicht jede Kontaktaufnahme – und sei sie noch so perfekt vorbereitet – endet immer gut und zufriedenstellend. Da sitzt man mit jemandem zusammen, unterhält sich nett, geht wieder auseinander, versichert sich »Schön, dass wir uns mal kennengelernt haben«, weiß aber schon beim Abschied ganz sicher, dass nichts auf dieses Kennenlernen folgen wird. Nicht weil man sich unsympathisch war, nicht weil es keinerlei Berührungs- oder Anknüpfungspunkte gab. Aber irgendwie sind diese Gemeinsamkeiten nicht zum Tragen gekommen. Da ist dann offensichtlich etwas schiefgelaufen, denn solche Gespräche braucht niemand. Nur *was* ist schiefgelaufen?

Wenn Sie sich an den ersten Baustein der Beziehungspyramide zurückerinnern, werden Sie schnell feststellen: Da ist nichts *schiefgelaufen*, sondern das Gespräch ist *ziellos* verlaufen. Ich hatte in diesem Kapitel von den vielen Wegen gesprochen, die Sie wählen können, um zu einem in Sichtweite befindlichen Leuchtturm zu gelangen. Ich hatte aber auch betont, dass Sie diesen Leuchtturm als Ziel nicht aus den Augen verlieren dürfen, auch wenn Sie zwischendurch einen Umweg probieren wollen. Denn ohne Ziel gibt es kein Ankommen. Wer in einem Gespräch also nicht weiß, wo er damit hinwill, was er und ob er damit etwas bezweckt, darf sich nicht wundern, wenn es sich am Ende gewissermaßen in nichts auflöst. Die Rede ist hier natürlich nicht von den großen Zielen, sondern von ganz spezifischen Zielen für eine Kommunikation, aus der eine Transaktion werden soll. Aber auch diese Zwischenziele müssen klar abgesteckt sein, denn sonst findet man sich in einem ziellosen Gespräch wieder. Ein bisschen wie beim Friseur: durchaus nett, aber unter geschäftlichen Aspekten unnötig.

Das bedeutet für Sie: Kommunizieren Sie Ihrem Gesprächspartner Ihre Ziele, Ihre eigenen Interessen. Tun Sie dies konkret und offen. Think big! Gehen Sie über Ihren Wohlfühlbereich hinaus. Als ich mich nach einer Sportverletzung einmal auf dem Behandlungstisch eines Ostheopaten wiederfand, fragte ich schon nach wenigen Minuten nach einem Stück Holz, auf das ich beißen könnte. Die Griffe und Bewegungen des Therapeuten trieben mir die Tränen in die Augen. Ich bekam keine Schonung, dafür aber einen Hinweis, an den ich noch häufig zurückdenken sollte: Schmerz ist ein limitierender Faktor. Die Behandlung verhalf mir dazu, diese Grenze zu überwinden und die körpereigenen Selbstheilungskräfte wieder in Gang zu setzen.

Im Geschäftsleben ist das nicht anders: Bewegen Sie sich nicht tagaus, tagein innerhalb der Grenzen, die Sie schon kennen. Verschieben Sie diese, indem Sie sich neue Ziele setzen. Diese sollten eine anspruchsvolle Herausforderung darstellen. Setzen Sie sich bewusst Ziele, die Risiken und Unsicherheiten enthalten. Und wenn Sie ein Ziel erreicht haben: Setzen Sie sich das nächste. Schritt für Schritt für Schritt.

Dafür muss Ihnen natürlich klar sein, woran Sie messen, ob Sie ein Ziel erreicht haben oder nicht. Ihr Ziel muss für Sie selbst glaubhaft sein. Wenn Sie selber nicht an Ihr Ziel oder, schlimmer noch, nicht an sich selbst glauben, warum sollte es jemand anderes tun?

Wenn Sie nicht wissen, warum Sie sich mit einer bestimmten Person treffen wollen oder sollen – treffen Sie sich erst gar nicht mit ihr. Auch ich lehne digitale Kontaktaufnahmen ab und auch allgemein gehaltene Gesprächsanfragen, solange sie keinerlei konkrete Vorstellung vermitteln, warum ein Treffen oder auch nur eine Kontaktbestätigung stattfinden sollte. Wenn ich selber nicht weiß, was ich vom anderen will, und zudem davon ausgehen kann, dass der andere auch nicht recht weiß, was er von mir will, nutzen wir beide unsere Zeit jeder für sich sicherlich sinnvoller, als wenn wir unsere Ziellosigkeit miteinander teilen.

Es kann sich mitunter auch als notwendig erweisen, noch einen Schritt weiter zu gehen und auch dann einen erbetenen Gesprächstermin abzulehnen, wenn man durchaus eine Vorstellung hat, dass sich etwas daraus entwickeln könnte. Der Grund ist so banal wie schlagend: Wenn man sicher weiß, dass man die für eine gemeinsame Entwicklung benötigte Zeit nicht aufbringen kann, bleibt einem keine andere Wahl, als abzulehnen oder das Gespräch auf einen späteren Zeitpunkt zu vertagen.

Im Gespräch bleiben

Kommt es zum Gespräch, beginnt dieses in der Regel mit einem Small Talk. Den dürfen Sie sich allerdings nicht so unverbindlich und belanglos vorstellen wie die Konversation bei Familienfesten oder beim Friseur. Es geht dabei um ein gegenseitiges Abtasten: Wie sind die jeweiligen Reaktionen auf Fragen, die gestellt werden, wie sehr ist man aneinander interessiert, stimmt die Chemie? Ähnlich einem Sportler, der sich vor dem Wettkampf warm macht – anschwitzen, die Poren öffnen, den Körper auf Touren bringen –, geht es auch in der Businesskommunikation zunächst darum, alle Sinneskanäle zu öffnen, um die Ebenen des Gesprächs zu erfassen und sich darauf einzustellen. Es versteht sich fast von selbst, dass diese einleitende Gesprächsphase umso mehr Bedeutung hat, je weniger man sich kennt. Überspringt man aus irgendeinem Grund diese Einleitung, vergibt man unter Umständen viele Chancen und Möglichkeiten. Wie beim Sportler ohne absolvierte Aufwärmphase häufiger eine Sehne oder Muskelfaser reißt, läuft man im Businessgespräch größere Gefahr, dass der Kontakt wieder abbricht, weil die Beziehungsebene nicht solide aufgebaut wurde. Spätestens dann, wenn es tatsächlich zum Deal kommt, könnte sich die mangelnde »Vorarbeit« negativ bemerkbar machen.

Gönnen Sie sich deshalb wie der Sportler vor seinem Wettkampf auf jeden Fall eine Aufwärmphase für Ihr Gespräch. Der Small Talk wirkt wie ein Warm-up für die eigentlichen Gesprächsthemen. Aber so wie es nicht für alle Sportarten ein einheitliches Aufwärmprogramm gibt, gibt es auch für die Businessgespräche nicht die allgemein verbindlichen Startregeln, nach denen ein Small Talk funktionieren würde. Geopolitik kann sich ebenso gut als Thema für den Einstieg eignen wie Fußball oder Schach, die Wahl von Gesprächsstoff und Tonfall ist komplett von der Situation und dem Gegenüber abhängig. Je mehr Sie sich an vorgefertigte Leitfäden halten, desto verkrampfter werden Sie. Und Sie sollten locker sein und bleiben.

Ich erlebe immer wieder Menschen, die nicht nur mit einem festgelegten Ziel, sondern mit einer ganz offensichtlich festen, starren Agenda ins Gespräch gehen. Zu bemerken ist dies unter anderem daran, dass der Small Talk absolviert wird wie beim Training im Gesprächsseminar. Solche Termine empfinde ich persönlich als lästig, da kein freies Gespräch zustande kommen kann. Am besten sind diese Leitfaden-Abspuler daran zu erkennen, dass sie kaum oder gar nicht auf das eingehen, was von der anderen Seite kommt. Solche Leute setze ich gerne neben die Spur – konfrontiere sie mit einer möglichst unerwarteten Situation oder Wendung des Gesprächs, in der Hoffnung, sie damit aus ihrer Rüstung zu locken. Nicht um sie zu brüskieren, sondern um ihnen die Möglichkeit zu geben, sich selbst zu zeigen.

Während diese beschriebene Spezies meist auf Abstand zu Ihnen bleibt – sowohl räumlich als auch persönlich –, gibt es auch Gesprächspartner, für die die Wahrung eines angemessenen Diskretionsabstands eine so große Herausforderung ist, dass sie sich dieser erst gar nicht zu stellen versuchen. Dabei gibt es ihn, den Mindestabstand, den jeder von uns braucht, um sich in seiner Bewegungsfreiheit nicht eingeschränkt und schlichtweg wohlzufühlen. Daher sollten Sie entsprechende Signale Ihres Gesprächspartners wahrnehmen und berücksichtigen. Wie heißt es in dem Film *Dirty Dancing* so schön? Mein Tanzbereich – dein Tanzbereich!

Zurück zum Small Talk. Sein Ziel ist es, ein Gespräch in Gang zu bringen und am Laufen zu halten. Nicht mehr, aber auch nicht weniger. Seien Sie unkonventionell, haben Sie Mut! Das ist meine Empfehlung für den Small Talk, wenn ich denn einen Tipp abgeben soll.

Die wohl einfachste und wirkungsvollste Vorbereitung auf einen anregenden Small Talk ist: Schauen, hören oder lesen Sie Nachrichten. Sie sollten wissen, was gerade in der Welt los ist, denn vieles von dem, was heute wichtig ist, eignet sich auch als Small-Talk-Thema. Ausklammern sollten Sie dabei allerdings Dauerkrisen und allzu brisante Fälle und Vorkommnisse. Und interessieren Sie sich nicht nur kurzfristig, sondern fortlaufend für das, was rund um den Globus passiert. Sie sollten nämlich nicht nur Schlagzeilen kennen, sondern auch Zusammenhänge erfassen und einordnen können. Das können in einem Gespräch die großen Linien der globalen Entwicklung sein, im nächsten dann volkswirtschaftliche Diskussionen oder einfach Branchentratsch.

Vom Small-Talk-Klassiker schlechthin, dem Wetter, rate ich eher ab. Wenn Ihr Gesprächspartner mit einem Regenschirm ankommt, kann man schon mit einer Bemerkung dazu einsteigen, aber das Wetterthema hat einen großen Nachteil: Man kommt davon schlecht wieder weg. Zumindest nicht in Richtung Geschäft, sondern allenfalls in Richtung Familie oder Gesundheit. Das mag für viele Anlässe angemessen sein, nicht aber für einen geschäftlichen Hintergrund. Sie müssen dann schon in der Kommunikation einen richtigen, möglichst humorvollen Schnitt machen, um sich in die »eigentliche« Richtung zu bewegen.

Deutlich besser geeignet ist das Thema Fußball, selbst wenn es in anderem Rahmen oft Auslöser von hitzigen Debatten und sogar Handgreiflichkeiten sein mag. Als Konversationsthema eignet es sich im geschäftlichen Zusammenhang deswegen gut, weil man immer auf ein Mindestmaß an Kenntnis und Meinungsfreudigkeit setzen kann und im Gegensatz zum Dauerbrenner Wetter immer eine Brücke zum Geschäft findet.

Kleine Konversationskunde

Allgemein für den Small Talk tauglich sind Themen, zu denen man Geschichten erzählen kann. Menschen hören gerne Geschichten und erzählen auch gerne Geschichten – sie machen das Gespräch vertrauter. Äußerst zurückhaltend sollte man allerdings mit Geschichten aus dem Privatleben, etwa über die Familie oder auch die eigene Gesundheit, sein. Ich mache in der Regel zu Beginn eines Gesprächs deutlich, dass ich noch ein anderes, ein privates Leben neben dem Club führe. Mit einem solchen Einschub kann man das Spielfeld öffnen – aber man sollte es nur für einen kurzen Check tun. Offene Fragen zum Privatleben sind fast nie angebracht. Ich frage keinen meiner Gesprächspartner beim ersten Mal danach, ob er verheiratet ist oder schwul oder beides. Wenn ich solche Aspekte zum Thema machen will, kann ich von meinem schwulen Freund erzählen, der bei meiner Hochzeit mein Trauzeuge war. Mein Gegenüber kann dann auf private Themen einschwenken oder es lassen. Beides gibt mir wertvolle Informationen für den weiteren Gesprächsfortgang.

Sind Sie der Gastgeber, findet das Treffen auf Ihrem Terrain statt, dann ist es auch Ihr Job, ins Gespräch einzuführen. Holen Sie Ihren Gast und Gesprächspartner in Ihr Reich hinein, ob Werkstatt, Büro oder Wohnung. Zeigen Sie, wo Sie sich aufhalten, was Sie beruflich tun. Und halten Sie immer die eine oder andere Geschichte über Ihren Standort parat. Sie haben ein besonderes Bild oder einen Boxhandschuh an der Wand hängen? Erzählen Sie Ihrem Gast, welche Bewandtnis es damit auf sich hat. Sie haben ein stinklangweiliges Büro oder einen gähnend leeren Besprechungsraum? Dann ändern Sie das! Als Maschinen- und Anlagenbauer werden Sie sicherlich eigene Produkte oder Teile davon ausstellen können. Als Werbeagentur könnten Sie einige Beispiele Ihrer Arbeiten oder sogar Auszeichnungen präsentieren. Und wenn es sich um Ihr persönliches Büro handelt, dann sind auch ein paar privatere Hinweise auf Sammelhobbys, sportliche Leidenschaften oder Ihr gesellschaftliches Engagement durchaus im Bereich des Angemessenen.

Als Eingeladener sollten Sie auf solche Hinweise achten und selbständig darauf zu sprechen kommen. Sie signalisieren damit nicht nur Interese und schmeicheln Ihrem Gegenüber. Vielmehr erhalten Sie in der Folge überaus wertvolle Informationen zur Person und zum Unternehmen. Ein Handelsunternehmer beispielsweise zeigte mir bei unserem ersten Treffen voller Stolz ein Dankesschreiben des saudischen Königshauses. Dieses hatte Porzellan bei ihm eingekauft. Daraus ergab sich nicht nur ein interessantes Gespräch über die persönlichen Erfahrungen des Unternehmers vor Ort. Vielmehr zeigte er mir die Produkte, um die es ging, dokumentierte damit die Kompetenz seines Hauses und berichtete gleichzeitig vom Verfall der Tischkultur in Deutschland, die ihn nun dazu zwingen würde, stärker im Ausland aktiv zu werden. Für unser Gespräch und die sich daraus entwickelnde Zusammenarbeit war das ausgesprochen hilfreich. Und das alles nur, weil ein Brief an der Wand hing.

Übrigens würde ich Ihnen grundsätzlich empfehlen, kein gekauftes Gastgeschenk mitzubringen, wenn Sie eingeladen worden sind. Schließlich handelt es sich um kein privates Treffen. Gegen ein Produkt aus eigener Herstellung ist hingegen nichts einzuwenden: ein Buch von einem Verleger, eine Flasche Wein von einem Winzer sind sogar wünschenswert, da Sie damit auf charmante Weise das eigene Produkt bewerben und auch über Ihren Gesprächstermin hinaus präsent bleiben.

Zurück zur Gesprächseinleitung und den damit verbundenen Rahmenbedingungen, die Ihnen als Gastgeber obliegen. Sehr eindrucksvoll habe ich das bei der Winzerfamilie Lenotti in Bardolino am Gardasee erlebt. Dort gibt es auf dem Firmengelände einen Shop, neben dem Shop einen Besprechungs- und Weinprobenraum, daneben die Abfüllung, darunter die Weinkeller, dahinter die Produktionsstätte. So ergibt sich ein Einführungsprogramm für Gäste, das zwischen fünf Minuten und zwei Stunden dauern kann. Mit wichtigen oder womöglich wichtig werdenden Kunden geht Claudio Lenotti auch schon einmal für einen Vormittag zur Lese in die eigenen Weingärten.

Ein ganzer Vormittag zum kommunikativen Aufwärmen? Ist das nicht ein wenig zu viel des Guten? Ja und nein. Vier oder fünf Stunden sind natürlich viel Zeit, aber in diesem Fall – wie in etlichen anderen sicher auch – nicht zu viel. Ich hatte Ihnen ja etwas weiter oben erklärt, weshalb es so wichtig ist, locker zu bleiben. Und das gilt nicht nur für die Themen, sondern auch für die Zeit. Es geht auch bei der investierten Zeit darum abzuschätzen, was angemessen ist. Und was angemessen ist, bestimmt kein Ratgeber, sondern das bestimmen Sie und Ihr Gesprächspartner. Ihre erste Frage nach dem Small Talk und damit die Einleitung zum geschäftlichen Besprechungsteil sollte daher stets sein: »Wie viel Zeit haben Sie für unser Gespräch?« Dann sollte folgen: »Was interessiert Sie besonders, was darf ich Ihnen zeigen oder erzählen?« Die Fragen Ihres Gesprächspartners sollten Sie sich möglichst notieren, damit Sie im Anschluss an die grundsätzliche Präsentation Ihrer Produkte und Dienstleistungen darauf zurückkommen und dezidiert eingehen können.

Unabhängig von der Antwort Ihres Gesprächspartners zum Thema Zeit gilt: Lassen Sie den ersten Termin nicht zu lang werden. Ihr Bauchgefühl wird Ihnen signalisieren, wann es an der Zeit ist weiterzuziehen. Unterbrechen Sie das Gespräch möglicherweise an einer Stelle, die für den anderen interessant oder spannend ist – allerdings nur, wenn Sie dies mit einem konkreten Vorschlag verbinden können und wollen. Bevor Sie beispielsweise in alle Details einer Konzeption schon im Erstgespräch einsteigen, wäre eine Möglichkeit, die für den Gesprächspartner relevanten Punkte kurz schriftlich aufzunehmen und dann zu sagen: »Die von Ihnen angesprochenen Punkte sind gut und wichtig. Ich mache mir hierzu gerne in den kommenden Tagen ein paar weiterführende Gedanken. Bei unserem nächsten Gespräch können wir auf dieser Basis dann weiterarbeiten. Wie sieht es bei Ihnen terminlich in der kommenden Woche aus?«

Hürdenlauf

An der Formulierung dieser letzten Frage können Sie ablesen: Es sind zwei Hürden, die Sie meistern müssen, bevor es zum Geschäft kommt. Die erste ist die des Vertrauens – das ist die Beziehungsebene. Diese Hürde haben Sie genommen, wenn Sie aus einem ersten Kontakt zu einer Person die Chance entwickelt haben, in einem gemeinsamen Termin das begonnene Gespräch zu vertiefen. Eine angemessene Gesprächseinleitung und Gesprächsführung Ihrerseits sorgt dafür, dass sich Ihr Gesprächspartner einerseits darin bestätigt fühlt, dass es richtig war, ein weiterführendes Gespräch mit Ihnen zu vereinbaren. Andererseits schaffen Sie erst dadurch eine vertrauensvolle Atmosphäre, in der Sie gemeinsame

Ideen entwickeln können. Und eine gemeinsame Idee ist immer die beste Grundlage für ein gemeinsames Geschäft. Doch bevor es so weit ist und Sie gemeinsame Gesschäfte machen, stoßen Sie auf die zweite Hürde. Diese ist handwerklicher Natur. Schließlich geht es um Beziehungs*management*. Kern dieser Herausforderung ist es, dass Sie die Bedürfnisse und den Bedarf Ihres Gesprächspartners kennenlernen, um daraufhin ein entsprechendes Angebot formulieren zu können. Wie Sie diese Bedarfs- und Bedürfnissituation erfassen, dazu mehr im nächsten Kapitel.

Wie lauten Ihre »drei Sätze«?

Welchen Nutzen und Mehrwert können Sie Ihrem Gesprächspartner allgemein anbieten?

Wann haben Sie das letzte Mal Ihre Grenzen verschoben?

Welche Anknüpfungspunkte bieten Sie Ihren Besuchern, um mit Ihnen ins Gespräch zu kommen?

Gibt es ein geeignetes »Gastgeschenk«, das Sie Ihrem Gesprächspartner mitbringen könnten?

Siebter Baustein: Wer fragt, der führt

Sie erfahren, wie Sie die Richtung der Kommunikation bestimmen können.

Eine Frage, die ich immer wieder gestellt bekomme: Wie kann es mir gelingen, auf Veranstaltungen mit Menschen ins Gespräch zu kommen, die ich noch nicht kenne? Und wie schaffe ich es, dass sich diese Gespräche ums Geschäftliche und nicht nur ums Wetter drehen?

Ganz offensichtlich stellt sich das immer wieder als echte Herausforderung dar. Dabei gibt es eine ganz einfache Lösung, die immer wirkt. Aber erst einmal der Reihe nach.

Sie haben sicherlich schon einmal erlebt, dass Drohungen bei Kindern wenig auszurichten vermögen. Aussagen wie »Wenn du nicht sofort dein Zimmer aufräumst, dann …« zeigen üblicherweise keine Wirkung. Eine Drohung macht unser Gegenüber automatisch zum Gegner – und da sind Kinder ganz unangenehme Widersacher. Dann gilt es, sein altes Clausewitz-Halbwissen über die Kriegskunst zu aktivieren oder gar bei neueren Theoretikern wie Herfried Münkler nachzuschlagen, um sich über das Wesen der asymmetrischen Kriegführung zu informieren. Und spätestens dann werden Sie merken, dass Sie es so weit gar nicht kommen lassen wollten.

Zudem sind wir Erwachsene im Moment der Drohgebärde mit unserem Anliegen bereits gescheitert. Wir haben die Führung abgegeben und überlassen uns ganz der Aktion des Kindes – angespannt und ungeduldig abwartend, was es als Nächstes tun wird. Die Folge ist häufig eine Art Ping-Pong-Spiel mit harten Aufschlägen, bei dem in der Regel beide Seiten verlieren werden.

Sie kommen besser und leichter zum Ziel, wenn Sie nicht fordern, sondern Ihren Wunsch in eine Frage verpacken wie beispielsweise: »Möchtest du deine Hausaufgaben jetzt oder erst nach dem Mittagessen machen?« oder auch: »Deckst du den Tisch auf, oder deckst du ab?« Mit einer Frage dieser Art strukturieren Sie den weiteren Ablauf der Handlung vor und zeigen Ihrem Gegenüber eine Richtung an, in die Sie sich gemeinsam weiterbewegen wollen.

Die Kunst, echte Fragen zu stellen

Nicht nur im Umgang mit Kindern verhelfen die richtigen Fragen zum richtigen Zeitpunkt müheloser zu dem, was man erreichen möchte. Auch das Geschäftsleben funktioniert nach ähnlichen

Mustern. Lassen Sie uns das Wort »Geschäft« wörtlich nehmen und ein alltägliches Beispiel wählen: Nehmen wir an, Sie betreten ein Schuhgeschäft. Sie suchen nichts Spezielles, sondern wollen sich lediglich ein wenig umschauen. In diesem Moment der Orientierung werden Sie von einem Verkäufer angesprochen: »Kann ich Ihnen helfen?« Die instinktive Antwort darauf haben Sie sicherlich schon häufig gegeben: »Nein danke! Ich schaue mich nur ein wenig um.« Das Gespräch ist beendet, bevor es begonnen hat.

Wenn der Verkäufer Glück hat, verlassen Sie das Geschäft nicht wort- und grußlos, sondern kommen kurz darauf mit einer Frage auf ihn zu: »Führen Sie Schuhe in Größe 48?« Der Verkäufer kann Ihnen dann wenigstens noch den Weg weisen oder bringt Sie zum entsprechenden Regal. Die Wahrscheinlichkeit eines erfolgreichen Abschlusses mit Ihnen als Kunde hat sich für diesen Verkäufer dennoch deutlich verringert. Nach seiner Standarderöffnung, die das Neinsagen so leicht machte, kann er jetzt eigentlich nur noch reagieren. Die Führung liegt bei Ihnen.

Dabei ist es einfach, die erste Frage so zu stellen, dass sie eine deutlich gesprächs- und damit auch verkaufsförderndere Wirkung hat: »Guten Tag, was für Schuhe suchen Sie?« – »Das weiß ich noch nicht genau, ich möchte mich nur ein wenig umschauen.« – »Welche Schuhgröße haben Sie denn?« – »48.« – »Da haben wir eine schöne Auswahl für Sie. Darf ich Ihnen ein paar sportliche Modelle zeigen? Oder soll es eher elegant sein?« Wenn Sie sich jetzt in kein Gespräch einbinden lassen, müssen Sie schon ein ganz schwieriger Fall mit übler Laune sein. In den meisten Fällen hingegen wird gelten: Der Verkäufer erfragt und erhält Informationen, die nicht nur die Kommunikation in Gang halten, sondern ihn in die Lage versetzen, Ihnen ein passendes Angebot zu unterbreiten – und dieses dann mit Ihnen zu diskutieren. Die Wahrscheinlichkeit einer Transaktion erhöht sich damit deutlich. Gut möglich also, dass Sie sich dann schon kurze Zeit später an der

Kasse wiederfinden. Kennen Sie solche Spontankäufe? Dann sind Sie an einen guten Verkäufer geraten, der Ihnen die richtigen Fragen zur richtigen Zeit gestellt hat.

Natürlich ist allein durch das Betreten eines Schuhladens eine Transaktionsorientierung vorgegeben und somit für beide Seiten akzeptiert, dass ein beginnendes Gespräch eine geschäftliche Wendung nimmt. Das ist bei einem Empfang oder einer Party anders. Aber die gezeigte grundlegende Technik gilt auch für komplexere Situationen. Und die besteht darin, Fragen zu stellen. Wo kommen Sie her? Hatten Sie eine gute Anreise? Was machen Sie beruflich? Was sind die Themen, die Sie derzeit am intensivsten beschäftigen? Vor welchen Herausforderungen steht Ihr Unternehmen zurzeit?

Fragen sind enorm wichtig. Je qualitativ hochwertiger Ihre Frage, desto besser zu verwerten die Antwort. Daher sind Fragen der Schlüssel für ein angenehmes, aber auch ein erfolgreiches Gespräch. Nur wenn ich meinem Gegenüber Fragen stelle, kann ich Informationen sammeln, verifizieren und mir im Dialog ein Bild von diesem Menschen machen.

Fragen führen also ein Gespräch. Durch Fragen zeige ich Interesse und kann zudem herausfinden, welche Erwartungshaltung das Gegenüber hat. Bin ich mit jemandem ins Gespräch gekommen, dem grundsätzlich und immer extrem wenig Zeit zur Verfügung steht, ist es nicht sehr sinnvoll, wenn ich ihm ausführlichst von den interessanten Veranstaltungen in meinem Club vorschwärme. Dann rede ich besser von den interessanten Kontakten, die sich dort auftun können und von denen man sogar profitieren kann, ohne vorbeikommen zu müssen.

Durch Fragen entsteht eine Atmosphäre, in der sich neue Gedanken denken und aussprechen lassen, die die Formulierung gemeinsamer Ideen möglich machen und so die Grundlage für gemeinsame Geschäfte bilden. Entscheidend jedoch ist Ihr ernsthaftes Interesse am Gegenüber, der unbedingte Wunsch, mehr erfahren zu wollen. Denn wenn Sie mehr oder weniger offen signalisieren, dass es Ihnen ausschließlich ums Geschäft geht, dass Sie auf möglichst direktem Weg ohne viel »Gedöns« an einen Auftrag kommen wollen, helfen Ihnen auch noch so intelligent gestellte Fragen nicht viel weiter. Das Gegenüber wird sein Gespür dafür auch nicht verbergen und Sie mit Ihren »gezielten« Fragen auflaufen lassen.

Sich üben im Kennenlernen

Wenn Sie echtes Interesse an einer Person haben, wie gelingt es Ihnen, den Kontakt nicht nur herzustellen, sondern dorthin zu führen, wo möglicherweise die Gemeinsamkeiten beginnen? Wie können Sie also jemanden, den Sie noch nicht kennen, auf einer Veranstaltung so ansprechen, dass eine positive Atmosphäre entsteht und Ihr Gegenüber erkennt, dass Sie sich nicht nur für sein Geld, sondern darüber hinaus für seine Person interessieren?

Ich gehe folgendermaßen vor: Ich gebe dem Menschen die Hand und sage etwas in der Art von: »Schön, Sie zu sehen. Mein Name ist Peer-Arne Böttcher. Wie heißen Sie?«

Sie glauben gar nicht, wie viele Menschen sich freuen, ihren Namen nennen zu dürfen. So wichtig der Name für jeden von uns ist, so nachlässig wird häufig mit der Nennung umgegangen. Ihr Name ist das wichtigste Wort in Ihrem Leben!

Wir sprechen zwar davon, dass es wichtig sei, sich »einen Namen zu machen«, tun aber oftmals zu wenig dafür, den Eigennamen zur Bekanntheit zu bringen. Wie man das machen kann, zeigte Reinhard Springer, der Gründer der legendären Werbeagentur Springer & Jacoby, der sich im wörtlichsten Sinn einen Namen gemacht hat. Er erzählte mir, dass er früher jede Gelegenheit bei Vorträgen nutzte, um eine der ersten Fragen zu stellen. Natürlich nannte er dann einleitend zuerst seinen Namen, den seines Unternehmens und sein Tätigkeitsfeld, bevor er seinen inhaltlich fundierten, aber gerne auch provozierend formulierten Impuls gab. Er setzte diese Methode bewusst ein, um im Anschluss mit dem Referenten und weiteren Veranstaltungsteilnehmern ins Gespräch zu kommen und sich einen Namen zu machen.

Immer wieder treffe ich auf Menschen, die mich weder nach meinem Namen fragen noch ihren eigenen nennen oder ihn nur unverständlich vor sich hin nuscheln. Scheuen Sie sich in solchen Fällen nicht nachzufragen, wenn Sie den Namen nicht verstanden haben oder Sie nicht wissen, wie Sie ihn aussprechen oder schreiben sollen. Das mag Ihnen im ersten Moment vielleicht unangenehm erscheinen. Aber Sie unterstreichen damit deutlich Ihr Interesse am Gegenüber. Und das wirkt immer positiv.

Ein Nebeneffekt ist übrigens, dass Sie sich den Namen Ihres Gesprächspartners besser merken können. Wenn Sie alsdann den Namen aktiv verwenden, wird er auch nicht mehr so schnell vergessen werden.

Ist die Namensnennung geklärt, kann man, um gar nicht erst unangenehme Pausen aufkommen zu lassen, sofort anschließen mit der Frage nach der »Herkunft«: »Wie sind Sie zu dieser Veranstaltung gekommen?« und: »Was machen Sie beruflich?«

Fragen nach dem Beruf sind selbst bei privaten Anlässen erlaubt, also genauso smalltalktauglich wie Fußball, jedoch deutlich geschickter. Wer nicht weiter über Berufliches reden will, kann und wird das in seiner Antwort zum Ausdruck bringen – was Sie dann selbstverständlich respektieren sollten.

Nach meiner Erfahrung wird Ihr Gesprächspartner in der Regel zwar nicht direkt auf die Geschäftsebene einschwenken, aber den beruflichen Ball im Spiel halten, etwa mit einer Antwort wie: »Ich bin Geschäftsführer eines kleinen Unternehmens, das sich auf Lagertechnik spezialisiert hat.« Nur ganz selten kommt an dieser Stelle eine Antwort, die das Spielfeld so öffnet wie ein Pass von Günter Netzer. Mich brachte einmal die geheimnisvolle Antwort einer Urlaubsbekanntschaft sehr zum Staunen: »Ich bin Frauenversteher«, sagte der Tischnachbar, um nach einer rhetorischen Wirkungspause hinzuzufügen: »Mit fünf Filialen.« Meine Neugier war geweckt, aber erst nach Tagen rückte er damit heraus, was sich dahinter verbarg: Er war Inhaber einer Friseurkette.

Mit Frauenverstehern kann wohl jeder reden, mit Lagertechnikern ist das schon schwieriger. Natürlich könnten Sie jetzt wieder aufs Wetter umschwenken, aber das ist hier erstens nicht Sinn der Übung, und zweitens wissen Sie noch überhaupt nicht, was sich aus dem Gespräch alles ergeben könnte – der Ball kann sich in ganz andere Richtungen als zur Lagertechnik bewegen.

Das erlebte ich bei einem deutlich nicht geschäftlichen Anlass, einem Bundesliga-Nordderby Ende 2008 – HSV gegen Werder Bremen, ein Klassiker. Der Ort erlaubte es, Gespräche auch jenseits des Fußballs zu führen: Ich befand mich in der Loge einer Bank im HSV-Stadion. Dort kam ich ins Gespräch mit einem jungen Mann, der im Gegensatz zu den übrigen Gästen keinen Anzug trug. Auf meine Frage: »Was machen Sie beruflich?« kam die Antwort: »Ich bin Musiker.« Wie sich herausstellte, handelte es sich um Kristoffer Hünecke, Gitarrist einer Band, deren Name »Revolverheld« mir damals nur vom Hörensagen bekannt war. Wir hätten danach bei Fußball oder Musik bleiben können, aber warum eigentlich?

Er fragte mich nach meiner beruflichen Tätigkeit, und ich erzählte ihm vom gerade gegründeten Business Club Hamburg. Das sei nichts für ihn, er könne mit solchen Institutionen nichts anfangen, sagte er. Vergiss die Institution, sieh das Netzwerk, die Kontakte, die Möglichkeit, sich gegenseitig zu helfen, antwortete ich. Jeder braucht einmal Kontakte, auch bei ihm gebe es doch bestimmt etwas, das er brauche – jede Wette. »Wir brauchen einen Probenraum«, kam es wie aus der Pistole geschossen. Und schon waren wir bei einem Thema, aus dem sich eine geschäftliche Beziehung entwickeln sollte – auf die weder mein Gesprächspartner noch ich gekommen wäre, wenn wir vor lauter »Exotik« nicht angefangen hätten, uns neben dem Fußball auch noch über anderes zu unterhalten.

Die Schlüsselfrage

Ausführlicheres zur Art dieser Beziehung und dazu, was sich daraus entwickelte, erzähle ich später im Schlusskapitel über den Brückenbau. Wenn man beim Besuch eines Fußballspiels im Gespräch mit einem Musiker zu einem Immobiliengeschäft gelangen kann, ist es genauso möglich, auch mit einem Geschäftsführer eines Lagertechnik-Unternehmens überraschende Gesprächswendungen erleben zu können. Also spielen Sie in einem Fall wie oben als Beispiel genannt den Ball zurück, wiederum mit einer Frage: »Und worauf haben Sie sich spezialisiert? Das ist ja ein weites Feld.« Was wiederum immer passt, unabhängig davon, um welches Gebiet es geht und ob Sie überhaupt wissen, wovon Ihr Gegenüber genau redet: Wenn er sich hauptberuflich damit beschäftigt, *muss* es geradezu ein weites Feld sein. Darauf antwortet Ihr Gesprächspartner mit einigen Sätzen aus seinem Arbeitsalltag. Jetzt müssen Sie nur noch den richtigen Moment abpassen, am besten etwas, das Sie überrascht oder von dem Sie merken, dass es für Ihr Gegenüber wichtig ist. Und dann können Sie die *Schlüsselfrage* platzieren, die ich Ihnen am Anfang des Kapitels schon angekündigt hatte und die da lautet: »Wie sind Sie denn darauf gekommen?«

Ich habe in den vielen Jahren der Erprobung nur wenige Menschen erlebt, die darauf einsilbig geantwortet hätten. In der Regel ergibt sich vielmehr genau der umgekehrte Effekt: Mein Gegenüber, ermuntert durch aktives Zuhören, lässt sich eine halbe Stunde lang kaum noch stoppen. Dann werden lange und auch kurzweilige Geschichten erzählt – wir alle lieben Geschichten, wir erzählen sie gerne, und wir hören gerne zu. Ja, auch Sie hören gerne zu, sogar bei Lagertechnik. Sie müssen sich allenfalls zwischendurch einmal klarmachen, dass die Geschichte, die der Geschäftsführer erzählen kann, bestimmt spannender ist als seine Produktpalette, die sich aus der Geschichte irgendwie ergibt. Auf sachliche und fachliche Fragen gibt es oft eher vorgestanzte Antworten, wenn dagegen die eigene Geschichte erzählt werden darf, kann man sich fast immer auf Interessantes und Überraschendes einstellen.

Führen Sie also ein Gespräch auf diese Art und Weise, erhalten Sie sehr schnell sehr viele Informationen über Ihren Gesprächspartner aus seiner *Vergangenheit*. Wer ist er? Was ist ihm wichtig? Wie versteht er seinen Beruf? Was macht sein Unternehmen? Wo hat er Stärken, wo Verbesserungspunkte? Kann ich ihm bei diesen Punkten helfen? Die Chance ist relativ groß, dass Ihr Gesprächspartner nicht einmal merkt, wie viel er eigentlich auf diese Weise von sich preisgibt.

Über solche Geschichten landen wir unweigerlich irgendwann in der *Gegenwart* mit einer Frage wie: »Woran arbeiten Sie derzeit?« Dabei handelt es sich um eine geradezu selbstverständlich klingende Fortsetzung der Schlüsselfrage – doch es ist eine Fortsetzung, die erste Anhaltspunkte gibt, an welchen Stellen Sie mit Ihrem Angebot ansetzen könnten – und Sie öffnen die Tür zur Zukunft.

Denn den eigentlich entscheidenden Punkt erreichen Sie mit der nächsten Frage: »Und was sind Ihre größten Herausforderungen?« Aus der Antwort auf diese Frage können Sie direkt ableiten, was Sie Ihrem Gegenüber eventuell verkaufen beziehungsweise anbieten könnten. Und wenn Sie bis hierher gekommen sind, wird Ihr Gesprächspartner vermutlich auch dankbar, zumindest interessiert auf ein solches Angebot reagieren, weil er ja inzwischen gemerkt hat, dass Sie sich tatsächlich für ihn und seine Situation interessieren. Würden Sie hingegen gleich mit der Frage nach den größten Herausforderungen kommen (die ja die eigentlich vertriebsorientierte ist), produzieren Sie einen kommunikativen Bruch. Ihr Gegenüber ist noch nicht warmgelaufen – Sie übrigens auch nicht. Zudem müssen Sie erst verstehen, wie ein gemeinsamer Erfolg aussehen kann. Der vermeintliche Umweg über ein Gespräch ist tatsächlich der direkteste und kürzeste Weg. Oder anders ausgedrückt: Wenn wir die Beziehungspyramide gemeinsam erklimmen wollen, müssen wir die Stufen von unten nach oben auch gemeinsam nehmen.

Immer wieder wird mir die Frage nach dem besten Rahmen für ein Gespräch mit einem potenziellen Geschäftspartner gestellt. Mein Rat: Gehen Sie frühstücken – und nutzen Sie für Ihre Treffen möglichst immer den gleichen Ort.

Die Gründe hierfür sind einfach: Das Frühstück ist eine kostengünstige und schnelle Angelegenheit – sowohl in der Bestellung als auch in der Abwicklung. Die Frage alkoholischer Getränke stellt sich nicht. Kurzfristige Terminverschiebungen sind unwahrscheinlich. Der zeitliche Rahmen ist überschaubar. Große Belastungen aus dem Tagesgeschäft nehmen Sie nicht mit ins Gespräch. Sollte das Gespräch direkte Handlungsoptionen eröffnen, haben Sie den Tag noch vor sich, um darauf direkt eingehen zu können.

Ein weiteres Argument für mehr Frühstückstermine: Sie unterliegen keinen Konventionen wie bei Mittag- oder Abendessen, sprich: Sie haben die Hände frei und können sich auch eine Präsentation oder gemeinsame Unterlagen durchschauen, ohne dass dies jemanden stört. Schließlich ist selbst Zeitunglesen beim Frühstück als Bildungslektüre anerkannt. Und bis auf den Kaffee kann kaum etwas kalt werden.

Einen Termin zum Lunch oder gar zum Abendessen würde ich Ihnen nur dann empfehlen, wenn Sie Ihren Gesprächspartner bereits besser kennen und die gemeinsame Zeit eher dazu dient, sich gegenseitig auf den aktuellen Stand zu bringen oder auf etwas anzustoßen.

Wichtig ist, dass Sie Ihre Termine nicht auf die unterschiedlichsten Orte verteilen, sondern sich möglichst für einen Coffeeshop, ein Restaurant und eine Bar entscheiden. Der Nutzen und Mehrwert dieser Vorgehensweise tritt für Sie ein, wenn Sie in dieser Lokalität vom Personal erkannt und persönlich begrüßt werden. Damit wird ein scheinbar neutraler Ort zu Ihrem Terrain, auf dem Sie einen Heimvorteil besitzen. Sie können sich auf einen bevorzugten Service verlassen und Ihrem Gesprächspartner beispielsweise Empfehlungen für die Karte aussprechen.

Vom Kontakt zur Transaktion

Um jetzt Ihr Angebot ins Spiel zu bringen, bieten sich ebenfalls Fragen als Führungsinstrument an. Eine davon wäre sehr direkt: »Wie kann ich Sie dabei unterstützen, noch erfolgreicher zu werden?« Auf diese Weise beginnen Sie, die Kommunikation in Richtung Transaktion zu führen – verengen sozusagen das Spielfeld. Oft ist das der richtige Moment, um die Beziehung auf eine neue Ebene zu bringen. Es kann aber auch vorkommen, dass Sie mit dieser Frage den Gesprächspartner überfordern. Weil sie zu persönlich ist, zu direkt auf die Transaktion hinführt oder ihn zu Erläuterungen über seine Befugnisse sowie seine hierarchische Position zwingt.

Deshalb wähle ich stattdessen eher Fragen, die das bisher Gehörte zusammenfassen. Etwa: »Habe ich Sie richtig verstanden, dass Sie Ihrer Meinung nach bislang zu viel Geld ausgeben für die Anmietung externer Räumlichkeiten für Veranstaltungen, Workshops, Seminare?« Wenn darauf die Antwort »Ja« kommt, dann kann ich mein Angebot unterbreiten: »Dann müsste es sich für Sie lohnen, über eine Mitgliedschaft die Räumlichkeiten des Clubs in Anspruch zu nehmen.« Oder direkter: »Na, dann werden Sie doch bei uns Mitglied, dann können Sie viel Geld sparen.« Dann fängt das Gegenüber an nachzurechnen und/oder nachzudenken und ist damit auf dem direkten Weg zur Transaktion.

Sie werden es wahrscheinlich gemerkt haben: Die Schlüsselfrage hat einen kleinen, aber mitunter anstrengenden Haken. Eine halbe Stunde für die Geschichten aus der Vergangenheit des Gesprächspartners – das geht natürlich nicht in jeder Gesprächssituation. Auch mir selbst wird die Zeit dabei mitunter lang: Wie Sie bin auch ich eher an der Zukunft als an der Vergangenheit interessiert. Dennoch sehe ich die Geschichten aus der Vergangenheit nicht als notwendiges Übel an. Ich suche während des Zuhörens ständig nach Abschnitten, die ich auch an andere weitergeben kann. Wenn man (möglicherweise anonymisierte) Geschichten oder Anekdoten aus dem Leben anderer Menschen erzählt, kann man sich dabei in der Regel kürzer und pointierter fassen als bei Erzählungen aus dem eigenen Leben. Es sind nämlich nicht nur die Geschichten, die »das Leben schreibt«. Es sind vielmehr genau die Geschichten, die Sie brauchen, um sich mit einem Gegenüber eine gemeinsame Basis zu schaffen. Erst erzählen Sie sich Geschichten aus getrennten Vergangenheiten, dann erleben Sie gemeinsame Geschichten in der Gegenwart. Und schlussendlich machen Sie diese Geschichten auch anderen Menschen zugänglich. Wie, erläutere ich Ihnen im letzten Kapitel »Die Brücke«.

Und wenn es Ihnen doch zu lange dauert: Denken Sie daran, man muss sich diese Geschichten nicht jedes Mal, sondern nur einmal anhören – ehrlich. Und wenn es zu lange dauert: Visitenkarte geben lassen, Termin vereinbaren.

Sie können sich natürlich aus einer derartigen Gesprächssituation und damit von einem Gesprächspartner unmöglich »einfach so« verabschieden. Zumindest dann nicht, wenn Sie in einer Zweiersituation sind, wovon wir nach einem angeregten Gespräch über Lagertechnik wohl ausgehen können. Das sieht nach Stehenlassen aus, egal wie galant Sie es angehen. Natürlich gibt es dafür mehr oder weniger gute Floskeln, Ausreden, Ansätze; sie ändern aber alle nichts daran, dass danach Ihr Gesprächspartner alleine dasteht. Das darf Ihnen nicht passieren – vor allem, wenn Sie möglicherweise eines Tages noch einmal zusammenkommen wollen.

Bereiten Sie deshalb Ihren Ausstieg rechtzeitig vor, indem Sie eine Dritte, einen Vierten mit ins Gespräch ziehen. Auf diese Weise lernen sich Menschen neu kennen und finden (vermutlich) neuen Gesprächsstoff – und Sie erhalten die Gelegenheit, sich vornehm zurückzuziehen.

Für den Fall, dass die Öffnung des Gesprächskreises nicht so einfach herzustellen ist, gibt es noch weitere Möglichkeiten, einen eleganten Abgang zu gestalten. Entweder die ganz direkte Variante: »Entschuldigen Sie, aber ich möchte noch ein paar weitere Menschen sprechen. Lassen Sie uns unser Gespräch gerne später fortführen.« Oder Sie verweisen auf Ihren unbändigen Durst: »Ich gehe noch einmal zur Bar und hole mir ein Getränk. Möchten Sie auch noch etwas trinken?« Erfolgt ein Nein, sind Sie entschuldigt. Erfolgt hingegen ein Ja, werden Sie zum guten (Mit-)Gastgeber und bringen das gewünschte Getränk mit. Verbunden mit dem Hinweis, dass Sie auf dem Weg zur Bar einen Bekannten getroffen haben, den Sie gerne vorstellen würden. Und schon erweitern Sie den Kreis wieder!

Wie viele unverbindliche Verabredungen (»Wir telefonieren« oder »Lassen Sie uns einmal wieder einen Kaffee trinken«) haben Sie noch offen? Wie viele davon wollen Sie einhalten?

Wie können Sie das, was Sie beruflich machen, so erklären, dass das Gespräch dadurch angeregt wird?

Welche Fragen können Sie Ihrem nächsten Gesprächspartner stellen? Und welche davon führen das Gespräch in die von Ihnen gewünschte Richtung?

3. Die dritte Ebene der Beziehungspyramide: Transaktion

What Every True and Honest Merchant Must Have Within Himself. Integrity always suits him, Long foresight keeps him well, And what he promises doesn't come lacking; And he should be, if able, of beautiful and honest behaviour.

Aus: *Pratica della Mercatura*
(Francesco Balducci Pegolotti, um 1340)

Achter Baustein: Wertschätzung ist Pflicht, Sympathie ist Kür

Sie erfahren, wie Sie auf Ihre Nase achten.

»Lassen Sie uns zum Geschäft kommen« – so oder so ähnlich könnte es lauten, wenn Sie sich mit Ihrem Gesprächspartner durch die Beziehungspyramide nach oben gearbeitet haben und nun gemeinsam am Baustein der Transaktion angelangt sind. Doch so ist es nicht. Oder besser: So sollte es noch nicht sein. Denn Transaktion bedeutet zwar Übertragung und bezeichnet damit den Austausch, der zwischen Ihnen und Ihrem Geschäftspartner stattfindet. Doch nachdem Sie jetzt persönliche Eindrücke von Ihrem Gesprächspartner gesammelt und zudem erste gemeinsame Anknüpfungspunkte erörtert haben, ist es an der Zeit, kurz innezuhalten und das bis hierhin erlebte Revue passieren zu lassen. Bevor Sie Ihrem Gesprächspartner ein Geschäft anbieten und er damit zum Geschäftspartner wird, sollten Sie sich noch zwei Fragen stellen:

1. Was sagt Ihr Bauchgefühl zu diesem Menschen?
2. Was sagt Ihre Nase zum möglichen gemeinsamen Geschäft?

Diese beiden Fragen bilden die Bausteine der Transaktion. Erst wenn Sie beide Fragen für sich positiv beantworten können, kann aus Reden Gold werden.

Bevor wir uns diese beiden Bausteine anschauen, lassen Sie mich kurz zusammenfassen, wo wir jetzt stehen und was wir bis hierhin erreicht haben.

Information – Kommunikation – Transaktion

Mit den vier Bausteinen der Information haben wir zunächst die Grundlage für Ihre Netzwerkarbeit gelegt. Wir haben gesehen, dass es nicht den einen Weg zum Ziel gibt, sondern dass sich viele Wege erst auf dem Weg zum Ziel ergeben. Wir haben festgestellt, dass es vor dem ersten Eindruck im persönlichen Gespräch die Datenspur eines Menschen gibt, die dafür sorgt, dass wir bereits sehr viel erfahren können, wenn wir nur ein wenig recherchieren. Wir haben geklärt, dass Sie eine nachhaltige, am Förstertum orientierte Vorgehensweise wählen sollten, wenn Sie langfristig erfolgreich mit Ihrem Kontaktnetzwerk arbeiten wollen. Und wir haben resümiert, dass es das persönliche Gespräch von Angesicht zu Angesicht ist, das den Weg für gemeinsame Geschäfte eröffnet.

Über die drei Bausteine der Kommunikation sind wir aus der Kontaktvorbereitung in die Umsetzung und damit ins Gespräch gegangen. Ich habe Ihnen erklärt, wie Sie ein Beziehungskonto eröffnen und das Gespräch so führen, dass Sie von Ihrer Seite aus alles Notwendige unternehmen, um mit Ihrem Gesprächspartner auch über eine geschäftliche Zusammenarbeit verhandeln zu können.

Nun stehen Sie also an dem Punkt, dass Sie Ihr Ziel des geschäftlichen Erfolgs immer noch fest im Blick und durch Ihre gelungene Vorbereitung in der Kommunikation alle Hürden erfolgreich gemeistert haben.

Bis hierher kann es Jahre, aber auch nur wenige Minuten gedauert haben. Letzteres wäre der Fall, wenn Sie sich im Rahmen einer Veranstaltung kennenlernen und sofort »einen Draht« zueinander finden. Zu Beginn des Buches versprach ich Ihnen, dass Sie jedes der zehn Kapitel einzeln lesen und modular betrachten können – denn so ist es häufig auch in der Netzwerkarbeit. Da lernen Sie zufällig jemanden kennen, ohne die vorbereitenden Punkte aus dem Baustein der Information noch schnell erledigen oder sich zumindest einen »nullten Eindruck« verschaffen zu können. Das ist nicht weiter schlimm, sofern Sie nicht den Fehler begehen, der leider sehr verbreitet ist: aus dieser Turbo-Kommunikation direkt zur Vertragsunterschrift überzugehen, anstelle »noch einmal eine Nacht drüber zu schlafen« und vor allem die Recherche über Ihren Gesprächspartner nachzuholen! Viele Enttäuschungen im Geschäftsleben rühren daher, dass zu wenig oder sogar keine Zeit in die Vorbereitung oder aber – wie in diesem Fall – in die Nachbereitung von Kontakten investiert wurde.

Deswegen handelt der Baustein der Transaktion in der Beziehungspyramide auch nicht davon, wie Sie das Geschäft jetzt sofort besiegeln und Ihren Partner dingfest machen. Vielmehr ist der Zeitpunkt gekommen, an dem Sie sich fragen sollten und entscheiden müssen, ob Sie es überhaupt so weit kommen lassen wollen.

Ohne Wertschätzung kein Geschäft

Auch in geschäftlichen Beziehungen gilt: Es genügt nicht, immer nur zu reden. Sie und Ihr Geschäftspartner kennen sich nun, haben sich gegenseitig Ihre geschäftlichen Anliegen erläutert und gemeinsame Wege ermittelt und diskutiert. Vielleicht haben Sie sogar schon konkret über Produkte und Dienstleistungen, Preise und Lieferzeitpunkte gesprochen und dabei auch Ihre jeweilige Erwartungshaltung ausgetauscht. So wie ich regelmäßig an dieser Stelle die Frage an die Gegenseite richte: »Gibt es noch irgendetwas, das ich oder Sie erledigen müssen? Oder haben wir tatsächlich einen Deal?«, so habe ich vorab eine ähnliche Frage an mich gestellt: »Möchte ich mit dem, der mir da gegenübersitzt, überhaupt einen Deal machen?« Und um diese Frage zu klären, gibt es genau zwei Kriterien, die erfüllt sein müssen:

– Empfinde ich für mein Gegenüber Wertschätzung?
– Empfinde ich für mein Gegenüber Sympathie?

Wenn ich beide Fragen mit »Nein« beantworte, kann ich das Gespräch weiterführen, aber ich werde es zu keinem Abschluss kommen lassen. Denn Sympathie begründet Geschäfte und Partnerschaften. Und Wertschätzung ist das Minimum, die Grundlage für das Vertrauen, das ich zum Aufbau einer erfolgreichen Geschäftsbeziehung brauche.

Sympathie ist ein weiches, kaum messbares Kriterium, das zum Ausdruck bringt, dass Menschen sich »riechen« können. Die jenseits der objektivierbaren Wahrnehmung aktiven Sinneseindrücke stehen für das, was wir gemeinhin das Bauchgefühl nennen. Und ein solches Gefühl haben Sie nicht für Zahlen, nicht für Farben, nicht für Fakten. Sympathie, das Mitleiden, haben Sie für Menschen und andere Lebewesen – in der aktiven Form für Menschen, die Sie, vielleicht auch nur oberflächlich, kennen. Und Sympathie ist durch nichts zu ersetzen. Meistens ist in menschlichen Beziehungen das Olfaktorische wichtiger als das Faktische. Denn ob digital oder analog, am Ende entscheidet die Sympathie zwischen Menschen, ob überhaupt über die Fakten eines Geschäfts gesprochen werden kann.

Auch beim deutlich weniger emotionalen Respekt, diesem »unsichtbaren Luftpolster zwischen dir und mir« (so Agnes Anna Jarosch, Gründungsmitglied des Deutschen Knigge-Rats), gibt es kaum verallgemeinerbare Regeln dafür, wen Sie für was respektieren können oder sollten. Mir zum Beispiel ist es wichtig, dass das kleine Wörtchen »bitte« zum aktiv genutzten Wortschatz gehört. Aber auch, dass jede Bitte mit einer klar formulierten Erwartung, aber nicht mit einer Forderung verbunden ist. Ich empfinde Wertschätzung für Menschen, die offen mit Fehlern und Erfahrungen umgehen. Und ich verliere den Respekt vor Menschen, die Prosecco mit zur Party bringen, dann den ganzen Abend über Champagner trinken. Vielen Menschen fällt es schwer, ihrer Sinneswahrnehmung zu folgen beziehungsweise ihre sinnlichen Eindrücke überhaupt wahrzunehmen. Ich darf mein Gegenüber ja gar nicht unsympathisch finden, das ist doch ein potenzieller Kunde, ist eine dieser kulturellen Überformungen, die es uns so schwer machen, auf uns selbst zu hören. Je prekärer die eigene wirtschaftliche beziehungsweise berufliche Situation ist, desto niedriger wird die Schwelle, über die der Partner hier kommen muss. Wenn das so ist: Versuchen Sie, sich nichts schönzusaufen. Seien Sie ehrlich mit sich selbst.

Sympathie und Wertschätzung sind durchaus unterschiedliche Gefühle. Ich kann jemanden unsympathisch finden, aber trotzdem seine Leistung anerkennen und wertschätzen. Sympathie ist die direktere, sinnlichere Wahrnehmung und das Maximum, was im Geschäft an positiver Emotion erreichbar ist. Wertschätzung ist rationaler – sie kann im Gespräch wachsen. Es gibt einige Menschen, die ich für unsympathisch halte, deren unternehmerische Leistung ich aber respektiere. Ich leiste mir dennoch die Konsequenz, mit solchen Menschen keine Geschäfte zu machen.

Das heißt also: Wenn Sie im Gespräch sind, wenn Sie so weit sind, dass Sie mit Ihrem Gegenüber einen Deal machen könnten, vor Ihnen das Papier zur Unterschrift schon bereitliegt und Sie dann ganz ehrlich feststellen, dass Sie für Ihr Gegenüber weder Sympathie noch Respekt empfinden – dann unterschreiben Sie bitte nicht. Machen Sie kein Geschäft ohne Wertschätzung. Die Risiken, die Sie damit eingehen, sind einfach zu groß.

Wenn Ihnen das zu hart vorkommt – immerhin wollen Sie ja etwas verkaufen, immerhin wollen Sie ja Erfolg haben –, gibt es zwei Alternativen. Die eine: Übergeben Sie die Kundenbeziehung möglichst komplett an einen Kollegen oder eine Kollegin aus dem Unternehmen. Es kann sein, dass der Kollege hervorragend oder zumindest besser mit diesem Geschäftspartner auskommt.

Und die zweite Alternative: Wenn Sie merken, dass Sie den anderen nicht riechen können und/oder dass Sie keine Wertschätzung empfinden können – dann brechen Sie das Gespräch rechtzeitig ab. Es wird Ihnen auch nicht leidtun, dass es nicht zum Deal gekommen ist.

Klare Sicht für die Transaktion

Besser ist es natürlich, wenn Sie sich schon deutlich vor der Entscheidung über eine Transaktion ein klares Bild davon machen können, wen Sie riechen und wen Sie wertschätzen können. Das klappt insbesondere dann, wenn man sich schon kennt, bevor man sich in Richtung Transaktion bewegt. Weshalb wir bei uns im Business Club Hamburg immer wieder und in den verschiedensten Formaten solches Kennenlernen unterstützen. Eines meiner Lieblingsformate sind dabei unsere Frühstückstreffen. Dabei laden wir einen namhaften Referenten zu einem aktuellen Thema ein. Nach dem Impulsreferat wird gemeinsam gefrühstückt – so weit, so gut. Der entscheidende Part sind allerdings die ersten Minuten. Denn jeder der maximal 20 Gäste, die alle an einem großen Tisch sitzen, erhält dann die Gelegenheit, sich für zwei Minuten persönlich und geschäftlich vorzustellen.

Indem sich jeder Gast selber vorstellt, ist zum einen dafür gesorgt, dass jeder schon einmal den Mund aufgemacht und etwas in die Runde gesagt hat. Das ist ein enorm wichtiger Aspekt, sorgt er doch dafür, dass die Kommunikation läuft. Vor allem aber gelingt es im Anschluss viel leichter, die Kommunikation gezielt zu vertiefen. Dabei gilt auch hier die 80-zu-20-Regel: 80 Prozent der Teilnehmer sind sicherlich nett und interessant, aber für meine eigenen Ziele nicht unmittelbar relevant oder sogar im Wettbewerb zu mir stehend. Auf die verbleibenden 20 Prozent kommt es an. Und wer von den Teilnehmern zu welcher dieser beiden Gruppen gehört, kann ich auf diesem Wege bestens feststellen. Während des gemeinsamen Frühstücks im Anschluss fällt die Ansprache dann meist ausgesprochen leicht.

Man kann das Beriechen aber auch geradezu institutionalisieren. So macht es zum Beispiel eine Frühstücksrunde von rund 30 Personen, die sich jeden Freitagmorgen um Viertel nach sieben für zwei Stunden im Business Club Hamburg trifft, um über das zu sprechen, was in der zu Ende gehenden Woche passiert ist, und über das, was in der nächsten Woche kommen wird. Diese Leute treffen sich nicht mit konkretem Bedarf, dafür in dem Gefühl, dass es irgendwann diesen Bedarf geben könnte. Wenn es so weit ist, dürfte die Geschwindigkeit, mit der sie Geschäfte angehen und abwickeln können, eine entscheidende Rolle spielen. Und wer sein Gegenüber einschätzen kann, kann schneller agieren. »Trust is speed.«

Kann es auch ein Zuviel an Wertschätzung oder Sympathie geben? Und kann eine Überdosis davon Ihren Geschäftsaussichten oder auch Ihnen schaden? Kann sie durchaus. »Alle Dinge sind Gift, und nichts ist ohne Gift«, stellte Paracelsus im 16. Jahrhundert fest – und weiter: »Allein die Dosis macht's, dass ein Ding kein Gift sei.« Und das gilt nicht nur für Dinge, sondern auch für Emotionen. Zu viel Respekt kann lähmen. Denn dann wird die Grenze zur Ehrfurcht überschritten. Und mit jemandem, den Sie sich am liebsten als Ikone an die Wand hängen würden, können Sie keine unbeeinflussten Geschäfte machen.

Bei der Sympathie gibt es zwei Ausprägungen, die Sie davon abhalten, ein gutes Geschäft abzuschließen. Die eine ist die Liebe. Mit ihr verlassen Sie das Geschäftliche. Die andere ist die Verbrüderung. Hier wird Ihnen zwar nicht der Kopf verdreht, dafür aber Ihr Urteilsvermögen getrübt. Dann kann es passieren, dass Sie nicht mehr in dem Maße auf Ihren eigenen Nutzen achten, wie Sie es im Geschäftlichen immer tun sollten. Wie viele Situationen haben Sie selber schon erlebt, in denen Sie besonders sympathischen Gesprächspartnern zu später Stunde besonders günstige Konditionen eingeräumt oder Geschäfte vorgeschlagen haben, die Sie bei Licht besehen nicht getan hätten? Merke: Vor jeder Transaktion noch eine Nacht drüber schlafen!

Die »Verbrüderung« ist ein delikates Thema, gerade in der Netzwerkarbeit. Persönliche Nähe lädt dazu ein, sich daraus einen persönlichen Vorteil zu erhoffen. Es sollte für Sie keinen Unterschied in der Strukturierung und Abwicklung eines Geschäfts machen, ob Sie Ihren Geschäftspartner siezen oder duzen. Wenn Sie merken, dass dies doch der Fall ist und Sie beginnen, mit zweierlei Maß zu messen, wird es für alle Beteiligten kritisch. In diesen Fällen empfehle ich Ihnen, die Verantwortung für die Vertragsverhandlung an jemand anderen zu übertragen oder zumindest eine dritte Person mit an den Tisch zu holen.

Meister im Bespielen der Sympathie-Klaviatur sind die Blender und Hochstapler. Sie können einen hervorragenden ersten Eindruck machen und mit dem Sympathie-Plus im Rücken die normalerweise eingebauten Sicherungen überwinden. Denn Sympathie macht zwar nicht blind, wie man es der Liebe nachsagt, kann aber dem Blick und dem Urteil die Schärfe nehmen.

Zweierlei kann das Risiko, auf einen Blender hereinzufallen, minimieren. Das eine ist Recherche – darüber sprachen wir bereits. Das andere sind Referenzen, Menschen also, die mit Ihrem potenziellen Geschäftspartner bereits zu tun hatten und Ihnen von ihren Erfahrungen berichten können.

Natürlich gibt es keinen absoluten Schutz: Der Milliardenbetrüger Bernard L. Madoff beispielsweise hatte in den USA sehr gedeihliche Kundenbeziehungen, war gut in den Communitys verankert, und er hat den Finanzkunden die Sicherheit gegeben, die sie sich gewünscht haben. Um das zu erreichen, hat er gelogen und eine Art Paralleluniversum geschaffen, in dem scheinbar alles gut war und jeder zufrieden sein konnte. Es hatte nur leider nichts mit der Realität unseres Universums zu tun. Was aber tun, wenn Sie sich in der Einschätzung Ihres Gegenübers nicht sicher sind oder durch Äußerungen anderer Personen in Ihrem Vertrauen verunsichert werden? Was, wenn Sie sich ganz sicher sein müssen, mit dem neuen Geschäftspartner nicht nur für den Augenblick, diese eine Aufgabe, dieses eine Projekt zusammenarbeiten zu können? Es kann diese Momente im Geschäftsleben geben, die so wichtig für Sie sind, dass Sie sich absolut auf einen Menschen verlassen können sollten. Wenn Sie beispielsweise Ihr Unternehmen oder zumindest einen Anteil daran verkaufen. Wenn Sie einen Nachfolger suchen oder generell eine Aufgabe übertragen, die Ihnen selber ans Herz gewachsen ist. Oder wenn Sie innerhalb eines Führungsteams Herausforderungen zu bestehen haben, die sich nur gemeinsam erfolgreich bewältigen lassen und die vollständiges Vertrauen in die Fähigkeiten und in die Integrität aller Beteiligten erfordern. Krisen-, aber auch Wachstumssituationen in Unternehmen führen häufig zu solchen Herausforderungen.

Kasten Bier versus Flugsimulator

Immer wieder bekomme ich die Frage gestellt, wie ich in für mich entscheidenden Momenten sicherstelle, einen Menschen richtig einzuschätzen, beziehungsweise wie man lernt, Menschen angemessen zu beurteilen. Eine herausfordernde Situation und delikate Frage! Kein Mensch wird Ihnen bewusst alle Details seines Innenlebens offenlegen. Das liegt vielleicht, aber sicherlich nicht nur daran, dass dieser Mensch das nicht will. Vielmehr kann er es nicht, weil die meisten Dinge, die sein Verhalten prägen, komplett unbewusst ablaufen. Daher ist das eine Frage nach der Möglichkeit, wie Sie alle bewussten und unbewussten Schutzmechanismen, Verkleidungs- und Verschleierungstechniken eines Menschen durchschauen können, um seinen eigentlichen Kern kennenzulernen. Weil Sie ja bildlich gesprochen nicht am Regierungssprecher des Unterbewussten interessiert sind, sondern wissen wollen, wie die Regierung, der Mensch selbst tickt.

Es gibt Menschen, die behaupten, dazu würde es ausreichen, gemeinsam einen Kasten Bier zu leeren. Andere wiederum halten eine Runde Golf für das Mittel der Wahl. Ich persönlich habe mit dem Flugsimulator gute Erfahrungen gemacht. Mit Menschen, mit denen ich eine weit über eine Kundenbeziehung hinausgehende geschäftliche Bindung eingehe – die gemeinsame Gründung eines Unternehmens zum Beispiel oder ein bedeutendes Projekt, bei dem man sich absolut aufeinander verlassen können muss –, gehe ich in den Flugsimulator.

Das Angenehme daran ist der Erlebnischarakter. Das senkt die Hürde, sich auf solch eine Geschichte einzulassen. Ein Mensch, der beispielsweise gemeinsam mit Ihnen unternehmerisch aktiv werden möchte, wird vermutlich Spaß daran haben, mit Ihnen eine Boeing 737 zu fliegen.

Solch einen Flugsimulator, in denen Profipiloten ausgebildet werden, können Sie beispielsweise über die Firma ProFlight buchen. Das hat dann rein gar nichts mit einem Computerspiel gemeinsam. Sie sitzen in einem Originalcockpit, das Ihrem Körper vollständig den Eindruck vermittelt, Sie würden tatsächlich in beachtlicher Höhe durch die Luft fliegen. Haptik, Akustik, Optik, das Gefühl der Beschleunigung und der Trägheit – das alles verdrängt das sichere Wissen, dass alles nur eine Simulation ist. Ich kenne keinen Menschen, bei dem in dieser Situation nicht spätestens nach drei Minuten das Deo versagt hat.

Innerhalb von Minuten befinden wir uns als Pilot und Kopilot in einer Situation, die sich eins zu eins auf die Führung und Steuerung eines Unternehmens übertragen lässt. Und schon nach kurzer Zeit erleben wir, ob das klappt mit dem gemeinsamen Agieren bei Starts und Landungen sowie beim Umgang mit Wetterkapriolen oder Gegenverkehr.

In dieser Zeit lerne ich meinen Partner in spe sehr intensiv kennen. Und das gilt natürlich auch umgekehrt. Daher ist es wichtig, eine dritte Person während der gesamten Übung dabeizuhaben, die nicht nur den Simulator steuert, sondern insbesondere die Zusammenarbeit im Cockpit beobachtet und moderiert. Im Anschluss können wir dann eine Auswertung vornehmen, die sich natürlich auf die Welt der Fliegerei bezieht und aufzeigt, wie qualifiziert wir uns als Piloten verhalten haben.

Die Situationen, die man im Simulator erlebt, sind dabei exakt die gleichen Führungssituationen, wie sie auch in Unternehmen auftreten. Sie hinterher am Beispiel des Fluges zu besprechen tut niemandem weh, es ist ja nur ein Spiel, eine Scheinwelt, die wir überfliegen. Aber jeder weiß, wie übertragbar die Ergebnisse sind. Ich habe im Simulator Menschen erlebt, die nicht bereit waren, einen Kopiloten zu akzeptieren. Dummerweise stürzt man dann ab, denn ohne Kopiloten geht es nicht. Ich habe auch Menschen erlebt, die mitten im Flug aufstanden und rauswollten – auch das ist keine gute Idee. Andere waren in Stresssituationen so gebannt wie das sprichwörtliche Kaninchen vor der Schlange – und stürzten ebenfalls ab. All das waren und sind wichtige Informationen für mich – und auch für meinen Partner. In mehreren Fällen haben wir unsere Zusammenarbeit durch den Simulatorflug verbessern können. In anderen Fällen bin ich die Partnerschaft nicht eingegangen, eine habe ich im Anschluss sogar beendet.

Achten Sie auf Ihr Bauchgefühl?

Welche Erfahrungen haben Sie bislang mit Ihrem Bauchgefühl gemacht?

Haben Sie sich schon einmal bewusst gegen Ihr Bauchgefühl entschieden?

Haben Sie Menschen in Ihrem Netzwerk, denen Sie »blind« vertrauen? Wenn ja: Warum?

Wie überprüfen Sie für sich selbst die Integrität eines Gesprächspartners?

Neunter Baustein: Nütze deinem Nächsten wie dir selbst

Sie erfahren, wie Sie sich damit helfen, dass Sie anderen helfen.

Keine Sorge: Ich möchte hier so kurz vor dem Abschluss nicht noch einen Grundkurs in Ethik eröffnen, auch wenn ich die wichtigste Regel für einen erfolgreichen Beziehungsmanager zitiere, die genauso lautet wie das jahrhunderte-, ach, jahrtausendealte Gebot: »Behandle jeden Menschen so, wie du selbst behandelt werden möchtest.« Das ist die sogenannte »goldene Regel«, eine erstmals aus dem ersten Jahrtausend vor Christus überlieferte, in vielen Kulturkreisen verbreitete ethische Maxime. Mit relativ geringen Abweichungen kennen wir sie unter anderem von Konfuzius (»Was du selbst nicht wünschst, das tue auch anderen nicht an«), von Buddha (»Was da für mich eine unliebe und unangenehme Sache ist, wie könnte ich das einem anderen aufladen?«) und von Jesus (»Was ihr von anderen erwartet, das tut ebenso auch ihnen«), vom griechischen Philosophen Isokrates (»Tut anderen Menschen nicht an, worüber ihr empört wäret, wenn ihr es selbst erfahren müsstet«), dem Römer Epiktet (»Was du zu erleiden vermeidest, das versuche nicht, andere erleiden zu lassen«) und Immanuel Kant (»Handle so, dass die Maxime deines Willens jederzeit zugleich als Prinzip einer allgemeinen Gesetzgebung gelten könne«) und natürlich von Eltern (»Was du nicht willst, das man dir tu, das füg auch keinem andern zu«) und öffentlichen Toiletten (»Bitte verlassen Sie diesen Raum so, wie Sie ihn gerne vorfinden würden«).

Viel größer kann eine Verbreitung nicht sein? Und wenn wir mit Menschen zu tun haben, handeln wir eigentlich doch fast automatisch danach? Na ja – eben nur fast. In einem zentralen Bereich unseres gesellschaftlichen Zusammenseins handeln wir eben genau nicht danach: in der Wirtschaft. Ende des 18. Jahrhunderts hat uns dort ein schottischer Moralphilosoph namens Adam Smith gelehrt, dass unsere Gesellschaft den bestmöglichen aller Zustände erreichen werde, wenn jeder konsequent einzig nach seinem eigenen Vorteil trachtet. Die sogenannte »unsichtbare Hand« erledige dann schon den Rest, ganz nach dem Motto: Wenn jeder an sich denkt, ist an alle gedacht.

Im Ergebnis ist die philosophische Konklusion alles andere als eine neue Abwandlung der goldenen Regel, wenn es heißt: Behandle jeden Menschen so, wie es dir den maximalen Vorteil einbringt. Soll heißen: Wenn jeder so handelt, dass er immer einen Vorteil durch sein Handeln erfährt und es immer nur unter dieser Prämisse zu Transaktionen kommt, ergibt sich daraus als theoretisch-logischer Schluss maximale Wohlfahrt für alle (»Pareto-Optimum«, sagen die Ökonomen).

Sollten Sie dieser Maxime anhängen, die ja immerhin an der famosen Wachstumsstory der vergangenen Jahrzehnte und Jahrhunderte beteiligt war, so sind Sie womöglich gut aufgehoben in den Reihen der Investmentbanker, eignen sich aber sicher nicht für einen Job als Beziehungsmanager. Denn bei dieser Tätigkeit ist die goldene Regel einer der Schlüssel für den persönlichen und auch den geschäftlichen Erfolg.

Unterschiedliche Ziele, gemeinsamer Erfolg

Wertschätzung für mein Gegenüber, das ist die Grundlage für das Vertrauen, das ich zum Aufbau einer erfolgreichen Beziehung brauche. Auch und gerade, wenn es um die Transaktion geht. Denn neben der Erreichung meines Ziels geht es mir vor allem auch darum, dem Partner dabei zu helfen, sein Ziel zu erreichen, denn es gilt der Grundsatz: Dein Ziel ist auch mein Ziel.

Das bedeutet *nicht*, dass die Ziele identisch sind und zwei Personen ein und dasselbe erreichen wollen. Es bedeutet, dass zwei unterschiedliche Personen meist auch aus unterschiedlichen Unternehmen und in unterschiedlichen Lebenssituationen gegenseitig ihre Ziele kennen müssen und sich nach Kräften in der Erreichung dieser Ziele unterstützen sollten.

Ich bin kein Ökonom, und selbst wenn ich einer wäre, wäre Wirtschaftstheorie nicht meine Spezialität. Ich bin Praktiker. Und

in der Praxis sehe ich einen massiven Unterschied darin, ob ich gegenüber meinen Mitmenschen egoistisch auftrete und unterstelle, dass sich der maximale Erfolg dadurch einstellt, dass die anderen sich ebenfalls egoistisch verhalten – oder ob ich meinen Mitmenschen gegenüber so auftrete, dass wir gemeinsam etwas erreichen. Sobald klar ist, dass ich sowohl dir als auch mir nutzen möchte, stellt sich fast automatisch eine Kommunikation auf Augenhöhe ein, die von Wertschätzung geprägt ist.

Allerdings nur fast automatisch: Denn die Tatsache, dass ich so agiere, bedeutet nicht zwangsläufig, dass andere sich genauso verhalten. Da wir es mit Menschen zu tun haben, gibt es keine Zwangsläufigkeiten. Aber es gibt Erfahrungswerte. Wenn ich mich selber fair verhalte, muss sich mein Gegenüber auch fair verhalten, um nicht aus dem Rahmen zu fallen. Durch Augenhöhe und Wertschätzung entsteht ein gutes Bauchgefühl und eine für alle Beteiligten sicht- und spürbare »Win-win-Situation«.

Ebenfalls ein Erfahrungswert aus meiner Praxis ist allerdings, dass Menschen oft selbst nicht wissen, was ihr eigentliches Ziel ist. Es gibt Gesprächspartner, die mir ganz detailliert erzählen, was ihr Bedarf ist, denen ich aber deutlich anmerke, dass ein ganz anderes Motiv dahintersteckt. Das zu erkennen ist für mich der wesentlich schwierigere oder besser: herausforderndere oder – noch besser – spannendere Teil im Aufbau von Beziehung und Transaktion als die Aufgabe, mich auf den gemeinsamen Vorteil zu orientieren.

Die 16 Lebensmotive

Ich habe viele verschiedene Methoden und Modelle ausprobiert, um zu begreifen, was meinen Gesprächspartner eigentlich umtreibt. Am besten gefällt mir dabei das Modell des US-Psychologen Steven Reiss.

Wie bei allen psychologischen Modellen geht es auch bei Reiss nicht darum, ob es »wahr« ist, sondern ob es funktioniert. Versuchen Sie es selbst: Reiss führt so gut wie alles, was wir tun, auf 16 grundlegende Lebensmotive zurück. Eine spezifische Kombination dieser mehr oder weniger stärker gewichteten Motive bildet die Triebfeder eines individuellen Lebens, formt also das psychologische Profil eines Menschen.

Die 16 Lebensmotive lauten:

- Macht: Streben nach Erfolg, Leistung, Führung und Einfluss
- Unabhängigkeit: Streben nach Freiheit, Selbstgenügsamkeit und Autarkie
- Neugier: Streben nach Wissen, Wahrheit, Erkenntnis
- Anerkennung: Streben nach sozialer Akzeptanz, nach Zugehörigkeit und positivem Selbstwert
- Ordnung: Streben nach Stabilität, Klarheit und guter Organisation
- Sparen: Streben nach Besitz und Anhäufung materieller Güter
- Ehre: Streben nach Loyalität und moralischer, charakterlicher Integrität
- Idealismus: Streben nach sozialer Gerechtigkeit und Fairness
- Beziehungen: Streben nach Freundschaft, Freude an dynamischen Prozessen und Humor
- Familie: Streben nach Familienleben und besonders danach, eigene Kinder zu erziehen
- Status: Streben nach Prestige, nach Reichtum, Titeln und öffentlicher Aufmerksamkeit
- Rache: Streben nach Konkurrenz, Kampf, Aggressivität und Vergeltung
- Eros: Streben nach einem erotischen Leben, Ästhetik, Sexualität und Schönheit

- Essen: Streben nach Nahrung
- Körperliche Aktivität: Streben nach Fitness und Bewegung
- Ruhe: Streben nach Entspannung und emotionaler Sicherheit

Steven Reiss' Zusammenstellung ist in den 1990er Jahren erstmals durch Befragung mehrerer tausend Menschen empirisch ermittelt worden. Sie ist inzwischen vielfach erprobt – auch von mir. Im ersten Moment war ich völlig überrascht, welches Profil sich für mich ergab: nämlich dass ich ruhebedürftig und eigentlich am liebsten alleine bin. Ein Profil, das überhaupt nicht meinem Lebensentwurf entspricht, weder privat noch geschäftlich. Aber möglicherweise entspricht es einer umso tieferen Sehnsucht. Und in der Tat dürfte jemand, der mir etwas Ruhiges, auf mich Bezogenes anbietet, damit gute Erfolgschancen haben – bessere vermutlich als mit anregenden, auf Beziehungen bezogenen Dingen. Da bin ich ja schon sehr gut versorgt. Ihr »Reiss-Profil« muss also gar nicht dem entsprechen, was Sie von sich halten oder Ihre Umgebung von Ihnen denkt. Und kann Ihnen dennoch, oder gerade deswegen, dabei helfen, zu Ihren Sehnsüchten vorzudringen.

Wenn jemand sich beispielsweise »Sicherheit« wünscht und deren Erhöhung als Erfolg bewertet, kann es darum gehen, vor Schaden geschützt oder bei dessen Eintreten entschädigt zu werden. Es kann darum gehen, eine größere Zahl von Handlungsoptionen zu bekommen, um sich besser verteidigen zu können, oder um dickere Panzerung, um sich gar nicht erst verteidigen zu müssen. Je nach Motivlage kann die Lösung für den Wunsch nach mehr Sicherheit eine Lebensversicherung oder eine Ausbildung sein, die Mitgliedschaft in einem Club oder ein drei Tonnen schweres Auto.

Ich möchte hier nicht zu sehr psychologisieren und schon gar nicht ein wie auch immer geartetes Handwerkszeug für raffinierte Verkäufer anpreisen – ich möchte Sie nur darauf hinweisen, dass es in der Kommunikation mit einem Gegenüber mehr gibt als das, was beide Seiten aussprechen. Und insbesondere, wenn es darum geht, über das Sprechen hinaus zum gemeinsamen Handeln zu kommen, werden solche Motive wichtig. Denn je besser ich die Lebensmotive meines Gegenübers – und auch meine eigenen! – verstehe, desto besser kann ich auf seine wirklichen Bedürfnisse eingehen und nicht einfach nur eine vordergründige Bedarfssituation analysieren und befriedigen.

Ich kann mir vorstellen, dass Ihnen diese Orientierung an den Motiven und Interessen Ihres Gegenübers übertrieben vorkommt. Sie sind ja schließlich kein Altruist, der sich nur am Nutzen der anderen freut. Sie wollen Ihren eigenen Nutzen haben und an Ihre eigene Ernte denken. Ja natürlich – das sollen Sie auch. Sie müssen es sogar! Denn wenn Sie Gewinn machen, dienen Sie damit nicht nur sich selbst, sondern auch Ihrem Geschäftspartner. Nur wenn Sie Gewinn machen, können Sie auch in Zukunft für Ihren Partner tätig sein.

Umgekehrt sollten Sie daran interessiert sein, dass Ihr Partner Gewinn macht. Denn nur dann wird er dauerhaft in der Lage sein, Ihnen Ihre Gewinne zu ermöglichen. »Mit Bettlern kann man keine Geschäfte machen«, sagte schon Ludwig Erhard, der Erfinder der sozialen Marktwirtschaft.

Lässt man sich gegenseitig gewinnen, nicht nur einmal, sondern aus Prinzip, dann können daraus lang anhaltende und erfolgreiche Beziehungen entstehen. Der bayrische Senf- und Soßenfabrikant Develey beispielsweise war einer der ersten Lieferanten von McDonald's in Deutschland und ist es immer geblieben, vier Jahrzehnte lang. Die US-Werbeagentur Wieden + Kennedy wurde 1982 gegründet und hatte einen einzigen Kunden namens Nike, den sie auch heute noch, drei Jahrzehnte später, betreut. Und geradezu berühmt für die gute und langfristige Zusammenarbeit mit ihren Lieferanten sind die deutschen Discount-Riesen Aldi Süd und Aldi Nord.

Gemeinsamer Erfolg produziert also besseren, weil nachhaltigeren Erfolg, der im Idealfall nicht nur Jahre oder Jahrzehnte, sondern Jahrhunderte anhält. Ein gutes Beispiel dafür ist die Hanse, deren Spuren in Hamburg bis heute sicht- und vielleicht auch spürbar sind. Vom 12. bis zum 17. Jahrhundert existierte dieser Zusammenschluss von nord- und mitteleuropäischen Kaufleuten (»Kaufmannshanse«) und später von 50 bis 200 Städten (»Städtehanse«). Entlang der Ost- und Nordseeküsten sowie bis tief in deren Hinterland (auch Köln, Erfurt und Braunschweig waren Hansestädte) setzte sich dieses Bündnis für die Durchsetzung der wirtschaftlichen Interessen ihrer Mitglieder ein und sorgte vor allem für die Sicherheit und den ordungsgemäßen Ablauf ihres Handels in politisch reichlich chaotischen Zeiten.

Es ging bei der Hanse immer darum, Geschäfte zu machen, die sich für alle Beteiligten rentieren. Einer der ersten großen Handelsströme, die zur Entstehung der Hanse führten, ist dafür beispielhaft: Vor der Ostseeinsel Gotland gab es riesige Heringsschwärme – ein Nahrungsangebot, das weit über den Bedarf der lokalen Bevölkerung hinausging. Und da Lagerhaltung beziehungsweise Transport wegen nicht vorhandener Konservierungsmittel kaum möglich war, war eine wirtschaftliche Nutzung dieses Überangebots durch die gotländischen Fischer lange nicht möglich. Mit der Gründung Lübecks und der Erschließung des Ostseeraums für den deutschen Handel kam es dann im 12. Jahrhundert zu einem regelmäßigen Handelsaustausch: Von Lübeck aus fuhren mit Salz beladene Schiffe nach Gotland, und von dort kamen Schiffe mit Fisch beladen zurück.

In den folgenden Jahrhunderten entwickelte und beherrschte die Hanse den Warenaustausch zwischen dem Nordosten und Nordwesten Europas. In den flämischen Partnerstädten, allen voran Brügge, wurde darüber hinaus der Anschluss an die Handelswege Südeuropas hergestellt: Auf dem Landweg trafen der Norden und der Süden des Kontinents in Augsburg und Nürnberg aufeinander, auf dem Seeweg an der flämischen Nordseeküste.

Dabei war die Hanse eine locker organisierte Vereinigung. Ihre Mitglieder wurden nie registriert, sie weigerte sich sogar, ein Mitgliederverzeichnis zu erstellen – weshalb die genaue Mitgliederzahl auch bis heute umstritten ist. Die Hanse hatte kein Gesetzbuch, war aber trotzdem in der Lage, Mitglieder auszuschließen, Piraten zu jagen und Kriege zu führen – und 500 Jahre erfolgreich zu gestalten. Stellt sich die Frage: Warum?

Zwei Erfolgsfaktoren der Hanse sind in unserem Kontext relevant:

1. Die Hanse hatte eine klare Orientierung am gegenseitigen Gewinn. Nur wer Gewinn machte, konnte auch in Zukunft noch ein starker und verlässlicher Partner sein. »Ein Handschlag ist wie ein Vertrag« ist vor diesem Hintergrund weniger Ausdruck eines besonderen Vertrauens zwischen den Hansekaufleuten. Vielmehr diente diese Vorgehensweise auch ganz pragmatisch dazu, Kosten zu sparen, beispielsweise für Verträge, Übersetzungen oder Beurkundungen. Das erhöhte den Gewinn beider Parteien.

2. Die Hanse orientierte sich am Leitbild des ehrbaren Kaufmanns. Dies war ein Regelwerk, das ebenfalls ohne schriftliche Fixierung auskam und dennoch funktionierte: »Die Ehre galt als Selbstverständlichkeit, die überall präsent und deshalb im Nachhinein schwer fassbar war«, schreibt Daniel Klink, der als Wirtschafts- und Gesellschaftswissenschaftler den Begriff des ehrbaren Kaufmanns wiederentdeckt und aus der Versenkung hervorgeholt hat. Wer gegen den besagten Handschlag verstieß und sich damit als unzuverlässiger Partner erwies, wurde rigoros aus dem Netzwerk der Hansekaufleute ausgeschlossen.

Ganz auf ungeschriebene Regeln zu setzen, das schaffe ich für meinen Aufgabenbereich nicht – sonst hätte ich auch dieses Buch nicht geschrieben. Also gibt es für den Business Club Hamburg schriftlich festgehaltene Grundregeln des Beziehungsmanagements, die von jedem neuen Mitglied akzeptiert und unterschrieben werden. Sie finden Sie am Ende dieses Buches.

Zum Kodex des ehrbaren Kaufmanns gehört unter anderem, dass Sie nichts zu verkaufen versuchen sollten, das Ihr Kunde ganz offensichtlich nicht benötigen kann. Haben Sie nichts in Ihrer Angebotspalette, das zu Ihrem Gesprächspartner passt, dann sollten Sie ihm auch nichts davon anbieten. Sie riskieren ansonsten einen Geschäftspartner, der Kaufreue hat, oder sehen sich eines Tages in einem Gespräch wieder, das von einem Dritten moderiert werden muss – einem Richter zum Beispiel.

Auch sollten Sie nicht von vornherein darauf abzielen, Ihrem Gegenüber ein bestimmtes Produkt verkaufen zu wollen. Auch wenn Sie das Gefühl haben, genau zu wissen, was er braucht und zu ihm passt, sollten Sie seine Entscheidung nicht unnötig zu beeinflussen versuchen. Abgesehen davon sollten bis zu diesem Moment die zwei wesentlichen Fragen geklärt sein: Darf mein Verhandlungspartner selbst entscheiden, dass er das Verhandelte haben will? Und kann er das auch bezahlen? Denn auch wenn Sie selbst das, was ich Ihnen bis hierher über den gemeinsamen Nutzen, den gegenseitigen Vorteil, den Gewinn für alle erzählt habe, verinnerlicht haben sollten – jetzt geht es darum zu prüfen, ob auch Ihr Gegenüber darauf ausgerichtet ist, mit Ihnen zusammen zu gewinnen.

Wenn Sie bis dahin im Gespräch die Angebotshaltung eingenommen haben, Ihrem Gesprächspartner also großzügig begegnet sind, ihn gewissermaßen »umworben« haben, um ihn freundlich zu stimmen, kommt es nun, kurz vor Vertragsschluss, zum

Schwur. Er will haben, was Sie haben? Auch ohne Verpflichtung seinerseits? Das geht nicht! Zumindest nicht ohne Handschlag, Unterschrift und Geld. Es ist die lange und mitunter sehr spannende Statussekunde, in der Sie sich in der Verhandlungsführung über Ihren Gesprächspartner erheben und deutlich zum Ausdruck bringen müssen: Ohne mich kommt auch er hier nicht weiter. Wenn es hier zum Deal kommen soll, dann nur zu einem, der zum beiderseitigen Nutzen ist.

Stellen Sie Ihren Gesprächspartnern Fragen nach deren persönlichen und geschäftlichen Zielen? Wie sehen Ihre persönlichen Lebensmotive aus?

Glauben Sie, dass Ihre Gesprächspartner Sie als ehrlich und aufrichtig einschätzen?

Kann man sich auf Ihren Handschlag verlassen?

Haben Sie schon einmal einem Kunden etwas verkauft, was dieser gar nicht brauchte?

4. Die Spitze der Beziehungspyramide: Erfolg

»Es schadet nichts, wenn Starke sich verstärken.«

Johann Wolfgang von Goethe (1749–1832)

Zehnter Baustein: In guten wie in schlechten Zeiten

Sie erfahren, wie es nach dem Deal weitergeht.

Alles richtig gemacht? Richtig informiert, richtig kommuniziert, richtig gehandelt? (Oder sollte man besser sagen: »transagiert«?) Handschlag gegeben, Vertrag unterzeichnet, Tinte trocken? Herzlichen Glückwunsch! »Sie haben Ihr Ziel erreicht«, würde Ihr Navi sagen und sich abschalten.

Aber ich bin kein Navi. Und Ihre Transaktion, Ihre gesamte Beziehung zu Ihrem Gegenüber ist kein vordefinierter Prozess, der wie eine Autofahrt bei A beginnt und bei B endet. Ihr Geschäft hat weit vor A begonnen und wird erst weit hinter B enden. Am Beispiel der Hansekaufleute wird Ihnen das vielleicht klarer. Diese wurden in einen ökonomischen und kulturellen Zusammenhang hineingeboren, wuchsen darin auf, prägten ihn durch ihr Agieren mit und übertrugen Kaufmannsethik und Geschäftsbeziehungen auf die nächste Generation als Denken und Haltung. Für Hansekaufleute war ein noch so bedeutender Handel, ein noch so wichtiger neuer Abnehmer längst nicht das Ziel, der Erfolg, nach dem sie strebten – es war ein einzelner Schritt auf einem ziemlich langen Weg zu einem größeren Ganzen.

Beziehung im Fluss

Jeder lange Marsch beginnt mit einem ersten Schritt. Auch für den Prozess zu einer Transaktion braucht es diesen ersten kleinen Schritt, der zu einem gemeinsamen Erfolg führt: Vielleicht ist es der Moment, in dem man einander vorgestellt wird, vielleicht ist es eine Idee, vielleicht auch ein unabsichtliches Anrempeln, das zu einem spannenden Neukontakt führt. Dieser erste Schritt ist gewissermaßen die Initialzündung, ohne die alles andere gar nicht erst passieren würde. Aber auch alle folgenden Schritte sind notwendig, um einen Weg zum Ergebnis zu finden und dahin zu kommen. (Na gut, vielleicht nicht alle, manche Erfahrungen müsste man vielleicht nicht unbedingt machen.)

Im Beziehungsmanagement geht es um viele Stationen, die man gemeinsam durchläuft und die zu immer neuen Verbindungen und Ergebnissen führen. Eine vereinbarte Transaktion ist

solch eine erste Station. Sie ist nicht das Ziel einer Beziehung, sondern ein Element in ihr, das das Band zwischen den Beteiligten stärkt.

Es gibt nicht den Schlusspunkt einer Transaktion, es gibt lediglich ein »Vor« der Transaktion und ein »Nach« der Transaktion. Wenn es sich um den ersten gemeinsamen Deal handeln sollte, wird er definitiv die Qualität der Beziehung ändern.

Auch wenn ich hier immer wieder betont habe, dass Geschäfts- und Privatleben nach unterschiedlichen Regeln funktionieren, dass das Streben nach Erfolg in einer geschäftlichen Beziehung etwas anderes ist als das Streben nach Glück in einer privaten Beziehung: Hier halte ich einen Vergleich aus dem Privatleben für sinnvoll, nämlich den mit der Hochzeit. Die Eheschließung mag im Leben beider Partner einiges ändern. Doch letztlich sind das vor allem Formalitäten wie rechtlicher Status, Nachname oder die Reaktion der Umwelt. Ansonsten ändert sich nichts. Auch im Anschluss gilt: Die Beziehung sollte entwickelt und gepflegt werden, möchte man keine Scheidung riskieren. Genau so ist es auch im Geschäftsleben. Mit einer Transaktion endet nichts. Wenn ich ein Auto bestelle, endet damit ja nicht die Beziehung zum Lieferanten – im Grunde beginnt sie damit (wenn es das erste Auto von ihm war) beziehungsweise kommt auf eine andere Ebene. Heutzutage werden »After Sales Services« angeboten, im Grunde als Beziehungspflege. Die hat zwei Dimensionen: Einerseits geht es um die Sicherung des bisher gemachten Umsatzes gegen Reklamation oder Schadenersatz, andererseits darum, weitere Umsatzpotenziale zu eruieren (wie beispielsweise die Erinnerung an die nächste Inspektion).

Selbst wenn jede (geplante) Transaktion für sich selbst genommen sinnvoll und für alle Beteiligten nützlich sein sollte, so sollte sie doch niemals nur für sich alleine gesehen werden. Denn niemand weiß genau, welchen weiteren Verlauf eine Beziehung nehmen wird.

Auch Hierarchien können sich ändern: Der Lehrling von heute kann der Chef von morgen sein, und der Chef von heute Morgen kann heute Abend schon aus dem Unternehmen geflogen sein. Die eine zukünftige Entwicklung mag Ihnen wahrscheinlicher vorkommen als die andere – aber Geschäfte werden nach wie vor zwischen Menschen gemacht und nicht zwischen Wahrscheinlichkeitsverteilungen.

Nehmen Sie die Geschichte von Air Hamburg: Die Flugzeuge, die das Unternehmen hauptsächlich an Businesskunden verchartert, sind nicht alle in seinem Eigentum, sondern gehören zum Teil Privatpersonen oder anderen Firmen. Air Hamburg übernimmt den operativen Betrieb sowie den Vertrieb. Die Einnahmen werden dann mit dem Jet-Besitzer geteilt. Ein Unternehmer kontaktierte die beiden Air-Hamburg-Gründer mit der Anfrage, ob sie seinen Jet verchartern wollten. Nach eingehenden Gesprächen wurde man sich einig. Bereits nach kurzer Zeit war der neue Geschäftspartner vom Geschäftsmodell, aber vor allem von den beiden Unternehmensgründern selbst so angetan, dass er kurz darauf einen nächsten Jet zur Verfügung stellte – und sich schon mal sein drittes Flugzeug orderte. Inzwischen sind insgesamt sieben Jets in der Air-Hamburg-Flotte von ihm.

Danke für die Transaktion

Wie pflegen Sie nach der Transaktion die weitere Beziehung zu Ihrem neuen Geschäftspartner? Erst einmal: Gratulieren Sie ihm – und auch sich selbst. Immerhin sollte es jetzt so sein, dass Sie zu zweit mehr verdienen als alleine, und das nicht nur im monetären Sinn. Eine Geste der Anerkennung und/oder des Danks reicht völlig aus. Es ist die Macht der kleinen Gesten, die häufig über das Wohl und Wehe großer Geschäfte entscheidet.

Dass ein »Danke« mehr sein kann als nur eine Konvention, dass es geradezu elementarer Erfolgsbestandteil sein kann, hat die Geschichte einer Publikation namens *Econy* gezeigt. Als dieses »Magazin für die Neue Wirtschaft« im Frühjahr 1998 auf den Markt kam, wurde die Redaktion, vor allem natürlich die Chefredakteurin Gabriele Fischer, von Leserbriefen (okay: Leser-Mails) geradezu überflutet. In den seltensten Fällen ein einfaches Lob oder ebensolche Kritik, in den seltensten Fällen auf eine spezifische Geschichte bezogen (was sonst bei Leserbriefen üblich ist), sondern sehr häufig ein ganz allgemeines Dankeschön für dieses neue Heft. Und das seitenlang. Die Leser schütteten den Zeitschriftenmachern geradezu ihr Herz aus: Endlich jemand, der sie verstünde, der sie ernst nehme, der ihnen das Gefühl gebe, eben doch das Richtige zu machen, so die vielfachen Reaktionen. Die meisten, die sich auf diese Weise dankbar zeigten, waren Unternehmensgründer in einer frühen Start-up-Phase.

Ohne diese regelrechte Woge an positivem Feedback hätte sich Gabriele Fischer wohl kaum getraut, das Blatt alleine weiterzuführen. Der ursprüngliche Eigner, das *Manager Magazin*, hatte schon nach der zweiten Ausgabe die Reißleine gezogen. Mit neuem Design und neuen Investoren, aber der gleichen Truppe und den gleichen Lesern gab es 1999 den Neustart unter dem Namen *brand eins*, eine der erfolgreichsten deutschen Zeitschriftengründungen der letzten Jahrzehnte.

Zusammenfassend: Bitte sagen zeugt von Benimm, Danke sagen zeigt Wertschätzung. Beides zusammen kann Menschen zu außergewöhnlichen Leistungen ermutigen und dabei Neues hervorbringen.

Geschäfte werden zwischen Menschen gemacht

Erinnern Sie sich an die »Hochzeit im Himmel«, die 1998 zwischen den Managern Robert Eaton und Jürgen Schrempp für ihre

Unternehmen Daimler und Chrysler geschlossen wurde? Selbst wenn die beiden Chefs tatsächlich vom Sinn, Nutzen und Mehrwert dieser Fusion überzeugt gewesen sein sollten (woran von Anfang an gezweifelt wurde), so gelang es ihnen nicht, bis auf die unteren Ebenen ihre jeweiligen Mitarbeiter zu überzeugen. Mit dem Ergebnis, dass die Konzern-Ehe 2007 wieder geschieden wurde.

Diese gescheiterte Fusion ist eines von vielen Beispielen, die zeigen: Geschäfte werden zwischen Menschen gemacht – und nicht zwischen Unternehmen. Die Unternehmen sind die Plattform, die Klammer, aber eben nicht die Akteure. Umso wichtiger ist es, alle beteiligten und betroffenen Menschen einzubinden.

Alles, was sich aus Ihrem ersten gemeinsamen Deal heraus entwickelt, entwickelt sich zwischen Ihnen und Ihrem Gegenüber, nicht zwischen den Unternehmen, für die Sie gerade agieren. Abgeleitet von der persönlichen Ebene können aus einer geschäftlichen Beziehung sowohl für Unternehmen als auch für Netzwerke gewaltige Mehrwerte entstehen. In einem im positiven Sinne verstandenen Doppelspiel verstärken Sie Ihr eigenes Netzwerk und dienen gleichzeitig dem Interesse Ihres Unternehmens. Denn auch wenn Sie persönlich einen Deal machen, werden die Verträge zwischen den Unternehmen geschlossen. Wenn Sie das Unternehmen verlassen, bleiben die Verträge dort zurück; aber Ihre Beziehungen nehmen Sie mit.

Nur wer sein ganzes Arbeitsleben bei ein und demselben Unternehmen verbringt, dessen Netzwerke sind und bleiben unternehmensintern geknüpft, das eigene Netzwerk und das des Unternehmens sind deckungslgleich. Aber die Zahl der Unternehmen, die langfristige Beschäftigungsverhältnisse anbieten, ist in den vergangenen Jahrzehnten in Deutschland stark zurückgegangen: Das »Einmal Daimler, immer Daimler« oder gar die Weitergabe des Arbeitsplatzes über mehrere Generationen sind krasse Ausnahmen geworden.

Deswegen spielen die meisten Beschäftigten das Doppelspiel –

und zwar durchaus bewusst. Ein guter Werber bei einer Agentur oder ein guter Kundenbetreuer bei einer Privatbank wird ein sehr gutes Verhältnis mit seinen Kunden pflegen; und kann jederzeit mit dem Gedanken spielen, sich selbständig zu machen und (einen Teil) seiner Kunden in die neue Firma mitzunehmen. Bei Investmentbanken hängen an jedem Dealmaker ganze Teams, die mit zur Konkurrenz wechseln können, und bei den großen Anwaltskanzleien oder Wirtschaftsprüfungsgesellschaften ist längst nicht ausgemacht, dass jeder der »Partner« genannten Miteigentümer auch partnerschaftlich im Sinne des Unternehmens agiert. Doch eigentlich sollte das, was für das externe Verhältnis zu einem (zukünftigen) Geschäftspartner gilt (und womit wir uns hauptsächlich in diesem Buch beschäftigt haben), auch innerhalb eines Unternehmens gelten. Die Handschlagqualität, die von gegenseitigem Respekt oder gar Sympathie geprägte Beziehung sollte auch hier die Regel sein, nicht die Ausnahme.

Tatsächlich aber wird ein Vertrauensverhältnis zwischen Mitarbeiter und Kunde, das sich als besonders intensiv erweist und von dem man meinen sollte, dass es als positiver Faktor allseits geschätzt wird, oft eifersüchtig beäugt oder sogar behindert, um so die Chance, den Kunden auf eigene Rechnung mitzunehmen, gering zu halten. Eine Strategie, mit der jedoch meist das genaue Gegenteil erreicht wird – nämlich der Anreiz gestärkt wird, die engen Fesseln, die der Arbeitgeber anzulegen versucht, zu sprengen.

Diese Art von intern waltendem Misstrauen und von Verhinderungsstrategien überträgt sich auch auf die Beziehungen zu Dienstleistern. Gerade in der Werbung sind die meisten Netzwerke weniger auf die Maxime »Mach deinen Partner stark, und du wirst selber stark« ausgerichtet. Vielmehr handelt es sich bei ihnen um mehr oder weniger offensichtliches Subunternehmertum mit äußerst strengem Controlling und noch größerer Existenzangst. Andere am eigenen Wissen teilhaben zu lassen oder gar Erfolge zu gönnen ist hier schier unmöglich.

Geteilter Erfolg – doppelte Stärke

Dem anderen den Erfolg nicht gönnen? Klingt nach »Neidgesellschaft«, in der wir uns nach Meinung vor allem konservativer Politiker befinden. Nur auf den eigenen Vorteil aus sein, statt nach einer Lösung zu suchen, die auch den anderen dient? Klingt nach »Ellenbogengesellschaft«, in der wir uns nach Meinung vor allem sozialdemokratischer Politiker befinden und in der Gewinne privatisiert, Verluste sozialisiert werden.

Welche politische Richtung hier überzeugender interpretiert, scheint mir jedoch gar nicht so sehr die Frage – wichtig ist es, sich damit zu beschäftigen, wie man im Geschäftlichen solche Ungleichgewichte wieder ins Gleichgewicht bringt.

Die Grundregel sollte lauten: Wenn ich Erfolg alleine haben will, muss ich auch akzeptieren, dass der Misserfolg bei mir alleine liegt. Und wenn wir den Erfolg gemeinsam haben, teilen wir auch den Misserfolg. Damit steigt das Verantwortungsgefühl, und gleichzeitig werden die Bindungskräfte stärker. Aber das ist leichter gesagt als erreicht. Es scheint tief in uns verankert zu sein, dass wir gerne stärker am Erfolg partizipieren wollen als am Misserfolg (und wenn jeder in sich hineinhört, wird er das auch bei sich feststellen).

Nach meiner Erfahrung gibt es einen Weg, der aus dieser offenkundig tief verwurzelten Einstellung herausführt. Und zwar den, sich von Beginn an um eine Teilung des Erfolgs zu bemühen. Je klarer Sie von Anfang an machen, dass ein potenzieller Erfolg ein gemeinsamer Erfolg ist, desto wahrscheinlicher ist es, dass die übrigen Beteiligten auch im Fall eines Misserfolgs mit Ihnen im selben Boot sitzen bleiben. Weil sie sich ernst genommen und auf Augenhöhe angesprochen fühlen.

»Welche der gängigen Schiller-Zitate halten Sie für bedauerlich oder falsch oder gar töricht?«, fragte die *FAZ* in ihrer Silvesterausgabe 2005 den Literaturkritiker Marcel Reich-Ranicki. Eine seiner

Antworten: »›Der Starke ist am mächtigsten allein.‹ Dies hat Schiller den Tell sagen lassen, vielleicht, um zu zeigen, dass der tüchtige Schütze nicht sehr intelligent ist. Denn der Starke ist am mächtigsten, wenn er sich mit anderen Starken verbündet.«

Und selbst wenn »der andere Starke« objektiv betrachtet nicht ganz so stark sein sollte wie Sie: Wenn Sie sich gemeinsam als stark begreifen und auch so behandeln, steigt die Wahrscheinlichkeit, dass Sie im Zusammenspiel auch stark agieren.

Der Regelfall ist leider genau umgekehrt. Eines der größten Probleme im Business ist die gefühlte, aber nicht gelebte Augenhöhe. Man spricht von Offenheit und Partnerschaft, hat aber doch ein Gefälle in den Beziehungen. Ein Gefälle, das dem Strom des Geldes entspricht. Wer bezahlt, bestimmt – eine alte, durchaus verständliche und oft sinnvolle Regelung, die aber überhaupt nicht weiterhilft, wenn es um gemeinsamen Erfolg geht. Das muss nicht einmal bewusst sein. Der Kunde geht beispielsweise einfach davon aus, dass der Dienstleister, ob für IT oder Steuerberatung, ihn schon versteht. Aber mitnichten: Der Auftragnehmer hechelt häufig dem Kunden hinterher, da ihm Informationen fehlen, er nicht in die Entstehungsprozesse neuer Projekte, manchmal noch nicht einmal in deren Organisation eingebunden ist – das ist kein Verhältnis auf Augenhöhe. Es wird aber von Seiten des Auftraggebers gerne so gehandhabt, als wäre dem so.

Wenn der Auftraggeber jemanden beauftragt, aber nicht zulässt, dass sein Auftragnehmer auf Augenhöhe kommt, dann sollte dieser die Initiative ergreifen: »Nur wenn ich eingebunden werde, kann ich meinen Job so machen, wie es mein eigener und unser gemeinsam formulierter Anspruch ist. Das ist im Moment nicht ausreichend der Fall. Mein Vorschlag: Ich komme mal wieder vorbei, und Sie bringen mich auf den aktuellen Stand.« Es gibt nicht viele Auftragnehmer, die so agieren. Weil sie sich mit dem Status quo zufriedengeben, oder weil sie schlicht befürchten, Unwillen zu erregen. Dabei reagiert nach meiner Erfahrung der Auftraggeber in der Regel nicht unwillig, sondern ist froh über Feedback und Vorschläge, die die Zusammenarbeit verbessern. Das ist schließlich in seinem Sinne!

Das auch entsprechend kommunizieren und umsetzen zu können ist dann eine Frage der Beziehungsqualität. Wenn der Auftraggeber das Gefühl hat, dass der Auftragnehmer ihm auf diese Weise Macht oder Geld abnehmen will, dann funktioniert die Beziehung nicht richtig. Es geht hier darum, die Beziehung zu pflegen – und sei es nur dadurch, dass man sich auf einen Kaffee trifft.

Strom des Geldes. Geld abnehmen. Das Geld, das doch so zentral in allen ökonomischen Prozessen ist und das in diesem Buch allenfalls eine kleine Nebenrolle gespielt hat, dieses Geld taucht hier doch noch auf. Typischerweise, wenn es um die Krisen von Beziehungen geht: Die Fließrichtung des Geldes behindert oft die Kommunikation auf Augenhöhe, und die Angst, Geld abgenommen zu bekommen, ist oft größer als die Hoffnung, gemeinsam noch erfolgreicher zu sein.

Sie sollten das Denken ans Geld nicht übertreiben; vor allem nicht so, dass Sie vor lauter Profitstreben das Streben nach gemeinsamem Erfolg vergessen. Es gibt dafür einen kurzen Text von John Ruskin, der die Vorteile der gemeinsamen Erfolgsorientierung auf den Punkt bringt – auch zu verstehen als Kritik an einer Schnäppchenmentalität, die viele für besonders ökonomisch halten.

The Law of the Economy

It is not clever to pay too much,
but it is even worse to pay too little.
If you pay too much
you simply lose some money, that is all.
However, when you pay too little,

you sometimes lose everything,
because the item bought or the service intended cannot fulfil its purpose.
The law of the economy forbids you to receive great value for little money.
If you always accept the lowest offer,
you must also add something for the risk which you run.
And if you do that,
then you also have enough money to buy something better.

Haben Sie sich das letzte Mal nach dem Abschluss eines Geschäfts bei Ihrem Geschäftspartner bedankt? Wenn ja: Wie?

Sind Ihre Geschäftsbeziehungen dauerhaft oder eher nicht?

Haben Sie den Eindruck, dass sich Ihre Lieferanten angemessen bezahlt fühlen?

Welche ist Ihre bislang dauerhafteste Zusammenarbeit mit einem Kunden?

Was zeichnet diese Partnerschaft aus?

Der Brückenschlag

Wie aus der Beziehungspyramide ein erfolgreiches Beziehungsnetzwerk wird

Ich habe Ihnen erklärt, wie ich eine Beziehungspyramide aufbaue. Wenn ich diesen Prozess häufig genug wiederhole, führe ich mit vielen Menschen eine erfolgreiche Beziehung. Und aus diesen einzelnen Beziehungen, einer Quantität also, kann eine neue Qualität werden: ein Netzwerk. Dieses Netzwerk ist der entscheidende Brückenschlag zwischen den Spitzen zweier Ihrer Beziehungspyramiden, die Sie zuvor persönlich aufgebaut haben. Mit dem Brückenschlag werden diese zum »Hochplateau der Könige«. Für alle beteiligten Netzwerkpartner gilt dann: Sie befinden sich mit anderen erfolgreichen Menschen auf Augenhöhe. Sie können direkt miteinander kommunizieren und voneinander profitieren. Es ist nicht mehr einsam an der Spitze!

Der Schlüssel zum Aufbau solch eines erfolgreichen Netzwerks: Stellen Sie Menschen einander vor!

Der Netzwerkaufbau

Wenn Sie jemand einlädt und zu Ihnen sagt: »Ich nehme Sie mal mit« – zu einem Treffen, zu einem Umtrunk, zu irgendeinem Anlass, bei dem Sie auf Menschen treffen, die Sie größtenteils nicht kennen – welche der Gäste wird Ihr Bekannter Ihnen vorstellen, mit wem wird er Sie bekannt machen? Mit denjenigen, die er für unfähig hält? Mit denjenigen, die Sie ausnehmen und über den Tisch ziehen wollen? Sicherlich nicht. Er wird Ihnen diejenigen vorstellen, die er stolz ist zu kennen. Menschen, von denen er meint, dass sie zu Ihnen passen, weil Sie voneinander profitieren könnten. Nicht etwa, weil Ihr Bekannter ein Menschenfreund ist (was er natürlich sein kann), sondern weil auch er davon profitiert, wenn Menschen aus seinem Netzwerk zusammenfinden. Das erhöht nämlich seinen Status.

Wenn Sie Menschen zusammenführen und damit zum gemeinsamen Erfolg einen ersten Impuls geben wollen, besteht dafür eine Grundvoraussetzung: Sie müssen den möglichen Bedarf und auch die Bedürfnisse dieser beiden Menschen kennen und verstehen.

Es gibt eine Fülle von Systematiken, die in der Betriebswirtschafts- und Managementlehre entwickelt wurden, um zu begreifen, was benötigt wird, um geschäftlichen Erfolg zu haben. Meiner Erfahrung nach ist es ganz einfach. Sie benötigen drei Dinge für den Erfolg. Ich nenne es das Drei-Säulen-Modell.

Das Drei-Säulen-Modell

Nehmen wir an, Sie haben sich vorgenommen, die besten Druckerzeugnisse der Welt zu wettbewerbsfähigen Preisen herzustellen. Was benötigen Sie dafür?

1. Infrastruktur. Sie brauchen eine Druckmaschine und weitere Instrumente zur Papierverarbeitung.

2. Wissen und Erfahrung. Was nutzt Ihnen die beste Druckerpresse, wenn Sie keine Ahnung haben, wie diese zu bedienen und optimal einzusetzen ist?

3. Marktzugang. Ohne Kunden ist auch das beste Produkt überflüssig. Entweder Sie haben einen Auftraggeber, bevor Sie die Druckmaschine in Gang setzen, oder Sie haben die begründete Hoffnung, dass sich das Produkt kleinteilig im Anschluss verkauft.

Das verbindende Element dieser drei Säulen ist *die unternehmerische Idee.*

Unternehmer, die in keinem der drei Bereiche etwas vorzuweisen haben, werden scheitern. Unternehmer, die in allen drei Bereichen wenigstens etwas aufbieten können, haben zumindest eine Erfolgschance. Wenn ein Unternehmer, was hochwahrscheinlich ist, nicht in allen drei Bereichen der unangefochten Beste seines Fachs ist, er also unterschiedlich ausgeprägte Ressourcen und Kompetenzen vorzuweisen hat, wird er sich permanent weiterentwickeln wollen und Unterstützung mit an Bord holen müssen, um erfolgreich zu sein.

Genau hierin liegt Ihre Chance für die Vermittlung von Kontakten für Ihren Geschäftspartner! Optimalerweise sind Sie selber in einem der drei Bereiche für und mit Ihrem Geschäftspartner tätig und können daher aus den beiden anderen Segmenten durch Kontakte aus Ihrem Netzwerk wertvolle Unterstützung anbieten.

Lassen Sie mich hierfür letztmalig den Business Club Hamburg als Beispiel anführen. Den Club habe ich so konzipiert, dass er in allen drei Bereichen tätig ist: Wir bieten unseren Mitgliedern Räumlichkeiten, in denen sich von der Aufsichtsratssitzung bis zum Zen-Workshop viele Veranstaltungen durchführen lassen. Wir bieten vielfältige Kommunikationsanlässe für den Erfahrungsaustausch und auch den Transfer von Wissen. Rund 180 Veranstaltungen im Jahr aus den Bereichen Kultur, Politik und Wirtschaft bieten eine geeignete Kommunikationsplattform, die gastronomisch auf hohem Niveau unterstützt und ergänzt wird. Bis hierhin bieten wir »Industriestandard«. Doch wir gehen den entscheidenden Schritt weiter: Wir managen unser Netzwerk. Wir kennen die Produkte und Dienstleistungen unserer Mitgliedsunternehmen. Wir kennen den Werdegang, die Hobbys und Interessen sowie die persönlichen Kernkompetenzen unserer Mitglieder. Das versetzt uns in die Lage, gezielt Kontakte herzustellen und damit in einem Matching-Prozess neue Marktzugänge zu eröffnen.

Auf der Basis dieses Konzepts, das die drei Säulen unternehmerischen Erfolgs aus Infrastruktur, Wissen und Erfahrung sowie Marktzugang vollständig abbildet, kann ich meinem Gegenüber stets einen Schritt entgegenkommen. Indem ich beispielsweise zu einer Veranstaltung einlade oder erste Kontakte zu potenziellen Kunden und Lieferanten, Multiplikatoren oder Partnern herstelle.

Jetzt werden Sie vielleicht einwenden, dass mir dies durch die Tätigkeit im Club leichtfallen wird. Da haben Sie recht. Aber Sie können Ihrem Gegenüber ebenfalls einen konkreten Nutzen und Mehrwert bieten. Nämlich ganz genau so! Auch ohne dafür extra einen Club zu gründen. Denn die Möglichkeit, mit Kontakten zu helfen, hat jeder. Zum Essen einzuladen ist die leichteste Übung. Auch eine Einladung zu einer Veranstaltung, selbst wenn sie nicht in den eigenen Räumlichkeiten stattfindet, lässt sich häufiger aussprechen, als Sie womöglich bislang dachten. Überprüfen Sie einmal Ihre Möglichkeiten. Ich bin mir sicher, diese sind vorhanden und lassen sich im beschriebenen Sinne nutzen und kontinuierlich ausbauen.

Die Hoffnung auf neue Kunden

Einer der großen Fehler unternehmerischer Zusammenarbeit in einem »Netzwerk« ist die vorherrschende eindimensionale Sicht darauf: Es möge zu neuen Kunden verhelfen.

Klingt widersprüchlich? Ist es nicht! Viele Netzwerkpartner erwarten, kalkulieren und fordern geradezu, dass ihnen durch ihre Partner jene Kunden ins Netz gehen, die sie selber nicht zu fangen vermochten. Diese Erwartung lässt sich langfristig nicht erfüllen und führt häufig schon kurzfristig zu einem Scheitern. Dann ist es wie DaimlerChrysler: Die Partner verlieren erst das Interesse aneinander und letztlich die Wertschätzung füreinander.

Ich werde beispielsweise immer wieder mit dem Wunsch von Clubmitgliedern konfrontiert, ob sie nicht ihr neues, großartiges, nützliches Produkt dem gesamten Club vorstellen können – mit einem Brief oder einer Mail an unseren gesamten Verteiler. »Hätten Sie denn Lust, im Gegenzug auch von den Hunderten anderer Mitglieder auf diese Weise über deren Neuigkeiten informiert zu werden?« ist die Gegenfrage, mit der ich ein solches Ansinnen ablehne. Ohne Ansehen der Person oder des Produkts.

Sicherlich, wir informieren unsere Mitglieder darüber, was es Neues im Club gibt. Aber so, wie wir es wollen. Denn wir sind nicht daran interessiert, etwas Bestimmtes zu verkaufen, sondern ein Netzwerk zu knüpfen. Dazu soll es gehören, dass Clubmitglieder miteinander Geschäfte machen. Aber nicht im Push-, sondern im Pull-Modus, bei dem jeder selbst entscheidet, was ihn interessiert.

Für andere den Grundstein legen

Wenn ich auf einer Veranstaltung bin, kann ich dort Menschen, die sich bis dahin nicht kannten, einander vorstellen. Ich kann und will aber nicht die Pyramide dieser Menschen bauen. Vielmehr gebe ich ihnen lediglich einen Baustein an die Hand, mit dem sie anfangen können, ihre gemeinsame Pyramide zu bauen.

Und immer wenn ich auf diese Weise Menschen zusammenbringe, lächeln sie. Und immer fangen sie an, miteinander zu sprechen. Und wenn ich sie alleine lasse und später am Abend frage, ob das Gespräch gut war, erhalte ich eine positive Rückmeldung.

Dieses »Menschen-einander-Vorstellen« ist ein Baustein auf der Informationsebene der Beziehungspyramide: Selbst wenn sich die Beteiligten vorher überhaupt nicht kannten, haben sie jetzt die Information, dass sie jeweils eine Beziehung mit *mir* haben und dass ich es für sinnvoll und zweckmäßig, richtig und wichtig erachte, dass sie sich kennenlernen.

Und es ist ein Baustein auf der Kommunikationsebene: weil das erste Gespräch direkt stattfinden kann und stattfindet. Dabei hat es eine sehr gute Chance, mehr als Party-Small-Talk zu sein, weil der Informationsbaustein gut ist. Zumindest dann, wenn sie mir so weit vertrauen, dass ich mir etwas bei der Zusammenführung gedacht habe. Und dieses Vertrauen muss ich immer wieder bewiesen haben, und ich darf es nicht missbrauchen.

Je besser ich meine Beziehungen pflege, desto leichter kommen auch diese Menschen miteinander in Kontakt. Wovon im Regelfall auch ich selber profitiere. Dabei geht es nicht um finanziellen Profit, sondern um die verbesserte Beziehungsqualität: Es geht nicht um Preis, es geht um Wert. Um Wertschätzung.

Drei Geschichten möchte ich Ihnen zum Abschluss dieses Buches erzählen. Um Ihnen zu zeigen, auf welch unterschiedliche

Art sich aus einzelnen Beziehungen stabile oder dynamische Netzwerke und ganz neue Verbindungen bilden.

WilhelmsRock

Dass ich mit Kristoffer Hünecke von der Band Revolverheld eine Wette abgeschlossen hatte, um in Hamburg einen Probenraum zu finden, habe ich Ihnen bereits angedeutet – und versprochen zu berichten, wie die Geschichte weiterging. Zu meiner großen Überraschung verlor ich nämlich die Wette. Die geforderten Eigenschaften des Probenraums (ebenerdig, sauber und auch mal für zwei Tage am Stück preisgünstig zu mieten) waren nicht zu finden. Obgleich ich mein ganzes Netzwerk bemühte: Einen Probenraum, wie ihn diese Band und bestimmt viele andere brauchten, gab es nicht in Hamburg.

Die logische Konsequenz für mich: Dann muss ich ihn eben bauen. Das war die Geburtsstunde von »WilhelmsRock«. Wir begannen mit zwei Räumen auf dem in Hamburg-Wilhelmsburg gelegenen Gewerbehof eines Clubmitglieds. Als erster Unterstützer mit an Bord: Andreas Drees. Der Geschäftsführer von satis&fy kennt das Musikgeschäft seit vielen Jahren, denn das Unternehmen ist auf Liveentertainment und Touring Support spezialisiert. Drees war sofort Feuer und Flamme und wurde zur treibenden Kraft des Projekts.

Und das Ergebnis kann sich sehen lassen: Das Projekt hat sich deutlich vergrößert, denn zu den fünf begeisterten Revolverhelden sind inzwischen viele weitere Musiker und Bands hinzugekommen, die WilhelmsRock für sich entdeckt haben (http://www.wilhelmsrock.com).

Die Dubai-Connection

»Kennst du zufällig jemanden in Dubai, den ich kennenlernen sollte?« Die Frage kam von einem langjährigen Freund, der sich als Vorstandsvorsitzender eines Telekommunikationsunternehmens in diesem Moment in den Vereinigten Arabischen Emiraten aufhielt. Unverhofft hatte er einen terminfreien Tag. Und glücklicherweise kannte ich tatsächlich jemanden: den früheren Innenminister des Landes. Das traf sich gut, da das besagte Unternehmen einzigartige Technologielösungen für den Justiz- und Maßregelvollzug anbietet. Also fragte ich bei meinem Dubai-Kontakt an, ob sich ein kurzfristiger Kennenlerntermin einrichten ließe. Mohammed hatte zwar für den nächsten Tag alle Termine abgesagt, weil ein naher Verwandter verstorben war. Aber kurz zuvor hatte ich dafür sorgen können, dass zwei Audi-Monteure nach Dubai flogen, um seinen S8 zu reparieren. Also hatte ich noch etwas gut bei ihm, und er sagte mir zu, sich mit meinem Freund zu treffen, um ihn mit seinen politischen und wirtschaftlichen Kontakten in Dubai zu unterstützen. Doch es kam noch besser: Die beiden mochten sich und mögen sich bis heute. Inzwischen stellt ihr gemeinsames Unternehmen seine Services sehr erfolgreich für Strafgefangene im Nahen Osten zur Verfügung.

Die Porsche-Überwachung

Mehrfach organisierte ich eine »Porsche-Schnitzeljagd« in Zusammenarbeit mit dem Porsche-Zentrum Hamburg. Der Ablauf war stets gleich: Die Teilnehmer trafen sich an einem Samstagmorgen zum gemeinsamen Frühstück und wurden in Teams eingeteilt: immer mindestens zwei Personen, die sich a) noch nicht kannten und b) grundsätzlich zueinanderpassten (sowohl persönlich als auch geschäftlich). Alsdann galt es, einmal durch Norddeutschland zu düsen und bestimmte Aufgaben zu lösen. Das beste (und schnellste) Team wurde im Anschluss geehrt. Gefeiert wurde bis in die frühen Morgenstunden.

So weit, so gut. Nur bei einer Veranstaltung fehlte uns ein Auto. Ausgerechnet für einen guten Freund von der Deutschen Telekom gab es keinen Porsche, denn der Cayenne war am Abend zuvor von einer Probefahrt nicht zurückgekehrt. Wir konnten zwar kurzfristig einen (privaten) Ersatz besorgen, im Mittelpunkt aber stand plötzlich die Diskussion über die Frage, warum es bei Porsche bis zum damaligen Zeitpunkt kein Ortungssystem für unterschlagene Autos gab. Das daraus resultierende Geschäft: der Einsatz eines Ortungssystems aus dem Hause T-Systems für Porsche sowie einen weiteren großen deutschen Autohersteller.

Seien Sie Brückenbauer

Meine Funktion als Brückenbauer nehme ich bei jeder sich bietenden Gelegenheit wahr. Menschen einander vorzustellen bedeutet, sie namentlich miteinander bekannt zu machen. Darüber hinaus ist es erforderlich, ihnen Informationen in Form von Geschichten und konkreten Hinweisen für gemeinsames Handeln zu geben – und sie dann sich selbst zu überlassen. Selten werde ich zu solch einem Gespräch wieder hinzugebeten. Entweder gibt es dann etwas zu feiern, oder es besteht »Harmonisierungsbedarf«, sprich: Es droht ein Vertrauensschaden, der auf die Qualität meines Netzwerks negativ ausstrahlen könnte. In solchen Situationen schalte ich mich umgehend ein.

Daher baue ich vor, was die direkte Verantwortlichkeit angeht, indem ich mich nach dem Zusammenbringen der beiden Gesprächspartner wieder zurückziehe und indem ich das auch kommuniziere. Denn wenn es konkret ums Geschäft geht, sitze ich nicht mit am Tisch – zumindest nicht physisch.

Trotzdem profitiere ich davon, dass mein Netzwerk durch die neue Verbindung zwischen meinen beiden Kontakten verstärkt, stabiler und kontinuierlicher wird. Daher ist jede Kontaktvermittlung eine Investition in mein Netzwerk, die langfristig angelegt ist – und langfristig wirkt.

Ein guter Tag ist für mich ein Tag, an dem ich zwei Menschen zusammengeführt habe, die gemeinsam etwas bewirken können.

Anhang

Grundlagen des Beziehungsmanagements

Geschäfte werden zwischen Menschen gemacht. Voraussetzung für ein gutes Geschäft sind Wertschätzung und Sympathie. Unbedingte Grundlage ist Vertrauen. Dieses lässt sich durch die Berücksichtigung nachfolgender Punkte schaffen und stärken:

Wertschätzung

- Zeigen Sie geschäftliches und persönliches Interesse am Gegenüber. Seien Sie offen, nutzen Sie die Zeit anderer konstruktiv und wahren Sie Diskretion.
- Kaum ein Kontakt zahlt sich sofort aus. Seien Sie zielstrebig, aber nicht hastig. Seien Sie konkret, aber nicht fordernd.
- Nehmen Sie gezielt Kontakt auf, bereiten Sie sich vor.

Zuverlässigkeit

- Seien Sie verbindlich. Stehen Sie zu Ihrem Wort.
- Pflegen Sie Ihre Beziehungen individuell. Nicht die Anzahl Ihrer Kontakte ist entscheidend.
- Schaffen Sie Anlässe zur Kontaktaufnahme, ohne lästig zu werden. Stellen Sie andere Menschen einander vor.

Offenheit

- Gehen Sie aktiv auf Kontakte zu und sprechen Sie mögliche gemeinsame Geschäftspotenziale direkt an.
- Pflegen Sie eine ehrliche Ansprache und klare Kommunikation Ihrer Erwartungshaltung.

- Denken und handeln Sie stärkenorientiert: Suchen Sie nach Gemeinsamkeiten und Ergänzungen.

Weitblick
- Erweitern Sie täglich Ihren Horizont.
- Beziehungsmanagement ist Geben und Nehmen. In dieser Reihenfolge.
- Sagen Sie »Ja« zum Menschen. Lassen Sie niemanden im Stich. Auch Sie könnten einmal Hilfe gebrauchen.

Danksagung

Jetzt, wo dieses Buch erschienen ist und Ihnen, lieber Leser, vorliegt, möchte ich mich bei denjenigen bedanken, die maßgeblich dazu beigetragen haben, dass diese Transaktion zustande gekommen ist: Da sind auf der einen Seite meine Frau Elisabeth und mein Partner Peter. Beide haben mir während der intensiven Zeit des Schreibens den Rücken freigehalten. Meine Frau im Familienunternehmen – wir haben gemeinsam vier wunderbare Kinder –, mein Partner im Business Club Hamburg. Beide haben in dieser Zeit wie selbstverständlich Einschränkungen und viel zusätzliche Arbeit auf sich genommen, um mir die Erfüllung meines Traums zu ermöglichen. Dafür bin ich euch zutiefst dankbar!

Von den ersten Legosteinen der Beziehungspyramide bis zur letzten Zeile dieses Buchs stand mir mein Freund Detlef Gürtler zur Seite. Als erfahrenem Autor gebührt ihm Dank und Anerkennung dafür, dass ich den roten Faden gefunden und nicht wieder verloren habe.

Das Wort »Beziehungspyramide« ist als Marke Nr. 30 2013 014 028 beim Deutschen Marken- und Patentamt eingetragen.

Über den Autor

Peer-Arne Böttcher (*1976) ist Gründer und Geschäftsführer des Business Club Hamburg (www.bch.de). Seit 2002 ist er zudem mit einer eigenen Beratungs- und Beteiligungsfirma aktiv und gibt seine Erfahrungen im »Beziehungsmanagement« weiter (www.peer.de).

Davor initiierte er mit Wahlkampf98 und politik-digital.de zwei erfolgreiche Internetprojekte. Politik-digital wurde unter anderem mit dem Europrix und dem Grimme-Preis ausgezeichnet. Im US-amerikanischen Wahlkampf des Jahres 2000 sorgte seine Firma mit der ersten rein digitalen Präsidentschaftskandidatin »Jackie Strike« für Aufsehen.

Bereits während der Schulzeit schrieb Böttcher für verschiedene Tages- und Wochenzeitungen. Bis heute hat er über 100 nationale und internationale Firmen in Fragen der Unternehmenskommunikation beraten.

Peer-Arne Böttcher lebt mit seiner Frau und den gemeinsamen vier Kindern in Hamburg.